阳光少年心理成长家长辅导

呵护孩子的心灵

李百珍　郝志红　李焕稳◎著

科学普及出版社
·北京·

图书在版编目(CIP)数据

呵护孩子的心灵/李百珍，郝志红，李焕稳著. —北京：科学普及出版社，2009.7

（阳光少年心理成长家长辅导）

ISBN 978-7-110-07114-4

Ⅰ.呵… Ⅱ.①李…②郝…③李… Ⅲ.家庭教育—教育心理学 Ⅳ.G78

中国版本图书馆CIP数据核字（2009）第099388号

本社图书均贴有防伪标志,未贴为盗版书。

科学普及出版社出版

北京市海淀区中关村南大街16号　　邮政编码：100081

电话：010-62103210　　传真：010-62183872

http://www.kjpbooks.com.cn

科学普及出版社发行部发行

北京正道印刷厂印刷

*

开本：720毫米×960毫米　1/16　印张：17.75　字数：260千字

2009年9月第 1版　　2009年 9月第 1次印刷

ISBN 978-7-110-07114-4/G·3123

印数：1-5000册　　定价：32.00元

中国科学技术协会科普专项资助

编写委员会名单

主　编：李百珍

副主编：李焕稳

编　委：(以姓氏笔画为序)

王　凯	王　莉	王继锐	王雪萌	王维悦
方　霏	冯淑芝	刘　萍	刘迎晖	刘爱瑾
李百珍	李焕稳	李　佳	李　静	李小莉
杨　萍	杨丽萍	吴宝莹	何喜莲	张晶晶
张　静	赵一蓉	郝志红	郦　波	郭振勇
阎　筠	董　耘	訾英丽		

策划编辑：徐扬科

责任编辑：黄爱群

封面设计：青鸟意讯艺术设计

正文设计：青鸟意讯艺术设计

责任校对：林　华

责任印制：李春利

关爱子女心理健康

呵护子女茁壮成长

沈德立题字

二〇〇九年三月一日

前　言

　　向广大青少年进行全面的素质教育是我国教育的国策，心理健康教育是素质教育的基础和重要组成部分。重视心理卫生，开展心理健康教育，有利于青少年身体和心理健康，培养健全人格，已经成为全社会的共识。

　　多项心理学的研究和实践表明，青少年家长的心理健康水平与其子女的心理健康水平相关度很高。不少事例说明，一些孩子的心理健康出了问题，其家庭心理健康教育的缺失是重要原因。研究进一步表明：家长学习心理健康教育知识，有利于改变教育观念，减少干涉、惩罚、拒绝、否认等不良的教养方式；更多地运用平等、民主等积极的教养方式，给孩子更多的尊重和理解，使孩子在一个相对轻松、愉快的环境中成长，极大地增进孩子的身心健康。所以说，家庭是孩子心理健康教育的基地，实施心理健康教育是家长不可或缺的职责。

　　出于以上的思考，在为青少年编著出版了《阳光少年心理成长之路》丛书（八本）后，又编著了此套《阳光少年心理成长家长辅导》丛书（三本）——《呵护孩子的心灵》、《与孩子共同成长》、《做孩子的心理医生》。这是国内首套家庭心理健康教育丛书。书中详尽、通俗地向家长介绍了有关心理健康教育的基础知识，其中不乏备感亲切的事例，使家长在理论与实际的联系中轻松愉快地感悟、学习。

希望家长重视"呵护孩子的心灵"，努力学习、付诸实践，"与孩子共同成长"，"做孩子的心理医生"，促进孩子的身心健康、使他们快乐、幸福地成长。这既是本套丛书的书名，也是作者对家长的期盼。

目 录

☆初识家庭心理卫生☆

☆探析心理健康的成因☆

☆认识自己和子女的心理
——学习心理卫生理论☆

☆ 呵护幼儿的心灵 ☆

☆ 维护儿童的心理健康 ☆

☆ 呵护青少年的心灵 ☆

☆矫正子女的不良性格☆

☆测试子女的心理☆

心理健康教育有助于家庭成员身心健康地成长，而家庭教育又是子女心理健康成长不可或缺的重要部分，已经成为社会的共识。为了维护家庭成员，特别是子女的心理健康，就应该重视家庭心理卫生。那么您了解什么是家庭心理卫生、怎样才算心理健康吗？为什么家庭要讲究心理卫生、影响心理健康的因素又有哪些呢？这些内容我们将在本书中与您探讨，并且向您介绍一些家庭心理健康的理论，以及子女在各年龄段的心理特点和常见的心理问题的调适。希望对您的家庭和谐、子女的身心健康成长有所帮助。

呵／护／孩／子／的／心／灵

初识家庭心理卫生

◎ 什么是心理卫生及如何维护心理健康

心理卫生有时又称精神卫生，是探讨人类如何维持和保护心理健康的原则和措施的一门学问。关于心理卫生的含义，《简明大不列颠百科全书》中是这样注释的："心理卫生包括一切旨在维持和改进心理健康的种种措施。诸如精神疾病的康复及预防；减轻充满冲突的世界带来的精神压力，以及使人处于能按其身心潜能进行活动的健康水平。"

保持身体健康已受到人们的普遍重视。不少人一提讲卫生就想到注意生理卫生，讲究个人卫生，加强体育锻炼，摄取适量的营养，等等，这些无疑都是重要的。但是，这样做只能把筋骨肌肉锻炼得更有力量，还不能确保人们的健康。这是因为，人生在世，难免遭受种种矛盾与挫折，因而不良的社会、心理因素也同样危害人的健康。例如，一个人身强力壮，却缺乏理智，人格异常，不能正常工作和生活，那怎能说他"健康"呢？所以世界卫生组织把健康的定义修改为：健康"不但没有身体的缺陷与疾病，还要有完整的生理、心理状态和社会适应能力"。这就是说，人要做到健康，必须体魄健

全，心理健康，这种健康才算是真正的健康。我国杰出的心理学家潘菽教授早在40年前就曾指出："我们因注重身体的健康，故研究生理卫生；我们若要使得心理得到健全的发展，则必须注重心理卫生。"由此看来，心理卫生乃是达到心理健康的手段。

心理卫生也称精神卫生，它是关于保护与增强人的心理健康的心理学原则与方法。心理卫生不仅能预防心理疾病的发生，而且可以培养人的性格，陶冶人的情操，促进人的心理健康。人在不同年龄阶段，各有一定的生理特点与心理特点，并且出现与之相联系的心理问题。根据不同年龄阶段的身心特点，有效地预防一些心理冲突的发生，及时地解决一些心理问题是家庭心理卫生的主要目标。例如，家庭的和睦会对人产生良好的心理影响，朋友之间关系的友好，有助于人们的心理健康。因此，讲究心理卫生也是家庭中很重要的一件任务。

◎ 什么是心理健康及心理健康的标准

一、什么是心理健康

提起健康您也许会说，这谁不知道，吃得饱，睡得香，身体健壮没有病就算是健康了呗！其实这种说法是不够全面的。世界卫生组织把健康定义为："不但没有身体的缺陷与疾病，还要有完整的生理、心理状态和社会适应能力。"那种认为身体健壮没病就算是健康的观念是陈旧的、片面的。现代健康的观念是既要身体健康，又要心理健康，更要有较强的社会适应能力。

通过对照以上世界卫生组织关于健康的新概念，您便会了解，您的孩子是否健康，不仅仅要看孩子的身体是否健康，还要看心理是否健康。家

长往往对孩子的身体健康状况很熟悉，但对他们的心理健康状况却不是很了解。那么，您知道您的孩子怎样才算是心理健康呢？对于青少年来说，心理健康的标准又是什么？这些都是您和您的孩子需要知道的问题。下面我们为您一一介绍。

心理健康是指人在知（认识）、情（情感）、意（意志）和个性心理特征诸方面的健康状态良好。主要包括发挥正常的智力，具有稳定而乐观的情绪、高尚的情操、坚强的意志、良好的性格以及和谐的人际关系等。您的孩子具备了以上心理健康的条件了吗？

在目前的幼儿和小学教育以至整个社会中，躯体健康是人们都很重视的，也懂得如何进行保护，但却忽视了心理健康。据调查，在激烈竞争的现代社会中，很多人都有不同程度的心理缺陷，甚至心理疾病，影响其正常的社会生活。因此应该大力提倡心理健康的防护，尤其是青少年的心理健康状况的维护。青少年时期虽不是精神疾病的多发时期，但却是不健康行为的孕育期。由于中学生心理活动状态的不稳定性、认知结构的不完备性、生理成熟与心理成熟的不同步性、对社会和家庭的依赖性等，使得他们比成年人有更多的焦虑和遭遇到更多的挫折，也更容易产生心理障碍。暂时性的心理障碍若得不到及时排除，便会产生不良反应，从而影响以后心理的健康发展，甚至会酿成日后难以挽救的心理疾病。所以中学阶段是容易滋生心理异常的温床期，必须加强中学生心理健康教育。作为家长的您，重视正处在成长关键期子女的心理健康是非常重要的。

二、一般人的心理健康标准

心理健康的标准又是什么呢？确定心理健康标准的依据很多，到目前为止，没有哪一个标准能将"正常"和"异常"行为准确地区分开来，这说明确定心理健康的标准是不容易的。另外，随着社会的发展与进步，人类对心理健康的认识也在不断地深化和提高，在不同时代，不同学者从自己的学术研究领域出发，提出了各自不同的标准。例如：美国学者坎布斯（A.M.Combs）认为心理健康、人格健全的人应该有四种特质。

1．积极的自我观念

能悦纳自己，也能为他人所悦纳；能体验到自己存在的价值，能面对并处理好日常生活中遇到的各种挑战；虽然有时也可能感觉不顺意，也并非总为他人所喜爱。但是，肯定的、积极的自我观念总是占优势的。

2．恰当地认同他人

能认可他人的存在和重要性，既能认同他人又不依赖或强求他人，能体验到自己在许多方面与大家是相通的、相同的；而且能与别人分享爱与恨、乐与忧，以及对未来美好的憧憬；并且不会因此而失去自我。

3．面对和接受现实

能面对和接受现实，即使现实不符合自己的希望与信念，也能设身处地、实事求是地面对和接受现实的考验；能多方寻求信息，倾听不同意见，把握事实真相，相信自己的力量，随时接受挑战。

4．主观经验丰富，可供取用

能对自己及周围的事物环境有较清楚的认识，不会迷惑和彷徨。在自己的主观经验世界里，储存着各种可用的信息、知识和技能，并能随时提取使用，以解决所遇到的问题，从而提高自己行为的效率。

此外，著名心理学家马斯洛（Maslow）和密特尔曼（Mittelman）也曾提出人的心理是否健康的十条标准。

（1）是否有充分的安全感；

（2）是否对自己有充分的了解，并能恰当地评价自己的能力；

（3）自己的生活理想和目标能否切合实际；

（4）能否与周围环境保持良好的接触；

（5）能否保持自身人格的完整与和谐；

（6）能否具备从经验中学习的能力；

（7）能否保持适当和良好的人际关系；

（8）能否适度地表达和控制自己的情绪；

（9）能否在集体允许的前提下，有限度地发挥自己的个性；

（10）能否在社会规范的范围内，适度地满足个人的基本需求。

当然，还有其他心理学家提出的心理健康的标准。但概括起来，人们对于心理健康的标准的认识大约经历了三个阶段或三个层次。它们依次是：①没有精神病。②感到精神愉快，有效地应对各种心理压力。③高心理效能，使人们在智力、道德方面最大限度地发挥心理潜能。显然，马斯洛提出的标准属于第三个层次标准。

现代心理健康观念认为，仅仅没有神经症和精神疾病是不够的。一个人没有心理疾病，并不能说明他具有健康的人格。现代心理健康观念认为：处于一般健康水平的人，只有向更高水平发展，其生活才能更充实、更幸福、更有价值。

那么，儿童青少年心理健康标准的标准是什么呢？

三、儿童青少年心理健康标准

根据许多学者的研究成果以及自己的工作实践，笔者提出以下几条有关青少年心理健康的标准：

1. 了解自己，接纳自己

心理健康的青少年了解自己，接纳自己首先体现在有自知之明，他们对自己能力、性格中的优、缺点能够作客观的、恰当的自我评价，既不自傲，

又不自卑。能够自己制定切合实际的生活目标和理想，不提出苛刻的期望与要求，因而对自己总是比较满意的。同时能努力发挥自己的智力和道德潜能，对自己的不足能泰然处之。相反，心理不健康的青少年则缺乏自知之明，他们或者是自傲，或者是自卑。由于给自己制定的目标和理想超越现实，或者对自己要求十全十美又达不到，为此总是自责、自怨、自卑，使自己心理永远无法平衡，因而经常面临心理危机。

2. 正视现实，接纳他人

心理健康的青少年正视现实，接纳他人。他们能够面对现实，并且能够正视问题而不是逃避，对周围事物和环境有客观的认识和评价，对生活、工作中的困难能妥善处理。同时他们乐于与人交往，接受并悦纳他人，也能为他人所理解，人际关系和谐。与人相处时，积极的态度（如同情、友善、信任、尊敬等）总是多于消极的态度（如猜疑、嫉妒、畏惧、敌视等）。因而在社会生活中有较强的适应能力和较充分的安全感。相反，心理不健康的青少年往往以幻想代替现实，他们或者抱怨自己生不逢时，或者责备社会环境对自己不公而怨天尤人，无法适应现实。总是游离于集体，与周围的人格格不入。

3. 能协调、控制情绪，心境良好

心理健康的青少年，积极、愉快、乐观、开朗、满意等积极情绪状态总是占优势的，他们虽然也会因为生活学习中的挫折，产生悲、忧、怒等消极的情绪体验，但不会长期处于消极、悲观的体验之中，更不会在严重的打击下轻生。同时能适度地表达和控制自己的情绪，喜不狂，忧不绝，胜不骄，败不馁，谦而不卑，自尊自重，在社会交往中既不妄自尊大，也不退缩畏惧；对于无法得到的东西不过于贪求，争取在社会允许的范围内满足自己的各种需要，对于自己能得到的感到满意，心情总是开朗乐观的。

4. 有积极向上的人生目标

心理健康的青少年能够驾驭自己的生活，即使在挫折的境遇中，仍能坚持不懈地努力从事有意义的事情，遵守社会公德。相反，心理不健康的青少年因失去生活目标、生活意义而郁闷不乐，或者因为理想的生活目标超越现实，为自己能力所不及，为达不到目标而心烦意乱、焦虑不安。

5. 对社会有责任心

心理健康的青少年对社会有责任心。他们热爱并专注于自己的工作、学习，并且在工作和学习中体验生活的充实和自己存在的价值。心理不健康的青少年则缺乏责任心，因而工作和学习经常无成效或失败，为此常体验生活的无奈和感到自我无价值。

6. 心地善良，对他人有爱心

心理健康的青少年心地善良，对他人有爱心。对他人有所理解，能够给他人以爱。这种爱意味着理解、同情、尊重、关心和帮助等，因而有良好、稳定的人际关系。心理不健康的青少年常感叹缺乏社会、他人对自己的同情、关心和帮助，因而他们很少有良好、稳定的人际关系。

7. 有独立、自主的意识

心理健康的青少年对事物有独立、自主的观点，不盲目遵从；他们对自己的生活负责，不过分依赖他人。而心理不健康的青少年则常常盲从，依赖他人，也会将责任推诿于社会、父母、他人或归咎于命运的不济、童年的不幸。

郑日昌教授认为青少年心理健康的标准应该有10条：认知功能良好；情感反应适度；意志品质健全；自我意识正确；个性结构完整；人际关系协调；社会适应良好；人生态度积极；日常行为规范；活动与年龄相符。这一标准是为社会所接受的。

◎ 心理卫生运动的发展

　　家长朋友：您知道心理卫生运动是怎样产生和发展的，它的发展趋势又是什么？对此，家长朋友应该有个初步的学习、认识。

　　为什么呢？我们学习了心理卫生运动的发展，使我们家长朋友了解心理卫生运动的产生、发展的进程，进一步认识心理卫生发展趋势，对于我们认识家庭心理卫生的重要性，维护并提高家庭成员，特别是正在成长的子女的心理健康有重要意义，促使家长朋友们自觉地对子女进行心理健康教育，提高他们的心理健康水平，促进子女潜能的充分开发、人格的健全发展。

　　下面我们向家长朋友介绍现代心理卫生运动的兴起、发展以及当代心理卫生运动的发展目标和趋势。

一、心理卫生运动的兴起

1. 比奈——心理卫生运动的倡导者

　　现代心理卫生运动是从如何正确认识精神病以及给精神病患者以人道主义的待遇开始的。法国大革命（1789年）以后，比奈（Pinel）医生对全人类的"自由与和平"充满希望。1773年毕业于图卢兹大学医学院的比奈，于1792年在精神病院工作期间指出，不受束缚的精神病患者不仅容易康复，还能从事有益的劳动，人们要以关心的态度来倾听他们的诉说。并且废除了束缚患者躯体的锁链，努力为他们提供清洁的房间、良好的饮食和人道的护理。在此之前，精神病患者一直遭受着锁链的折磨和非人的待遇。他的创举引起了巨大的社会反响。一般人认为，比奈是心理卫生运动的倡导者。

2. 比尔斯——心理卫生运动的开拓者

　　另一位对现代心理卫生运动的兴起作出贡献的人是美国人比尔斯

（C.W.Beers）。比尔斯生于1876年，18岁就读于商科大学，在美国保险公司供职。他目睹了其兄癫痫病发作时昏倒在地、四肢抽搐、口吐白沫的可怕情景，担心此病会遗传到自己身上，为此终日惶恐不安，以致精神失常而住进精神病院。在住院期间，他身受种种粗暴残酷的虐待，亲眼目睹了精神病友们惨遭折磨和不公正待遇。3年后，他病愈出院，便立志为改善精神病患者的待遇而努力。1907年，比尔斯写了一本自传体著作——《自觉之心》（A mind, That found IT-SELF)或译为《一个灵魂发现了自己》。在这本书中，他用生动的文笔和发自内心的感受，历数了当时精神病院的冷酷和落后，详细记述了自己的病情、治疗和康复的经过，向社会各方面呼吁，要求改善精神病患者的待遇，并从事预防精神病的活动。《自觉之心》一书十分成功。当时美国著名心理学家、哈佛大学教授威廉·詹姆士（William James)给此书以高度的评价，并为该书作序。著名精神病学家阿道夫·迈耶（Adolph Meyer)读完此书后，确认书中所讲的内容即为心理卫生（Mental Health）。许多社会名流均为该书所感动，纷纷表示愿意支持比尔斯的心理卫生运动计划。从此，美国心理卫生运动便应运而生。比尔斯得到各方面的赞助和鼓励后，于1908年5月成立了康奈狄格州心理卫生协会，这便是世界上第一个心理卫生组织。此协会的工作目标有5项：①保持心理健康；②防止心理疾病；③提高精神病患者的待遇；④普及对心理疾病的正确认识；⑤与心理卫生有关的机构合作。1909年2月，又在纽约成立了全国心理卫生委员会。1917年，全国心理卫生委员会创办了《心理卫生》杂志，宣传并普及心理卫生常识。

二、心理卫生运动的发展及趋势

1. 心理卫生运动的发展

现代心理卫生运动的发展，大致经历了3个阶段。

第一阶段从20世纪20年代到第二次世界大战结束。此阶段的任务是从改善精神病患者待遇到注重精神疾病的预防。

在美国心理卫生运动的推动下，世界许多国家纷纷成立各自的心理卫生组织。1918～1926年，加拿大、法国、比利时、英国、德国、意大利和日本等国，分别建立了全国性的心理卫生组织。1930年5月5日，经各国组织的反复磋商，第一届国际心理卫生大会在华盛顿召开，53个国家的3042名代表参加了会议，中国也有代表参加，盛极一时。同时产生了一个永久性的国际心理卫生委员会。大会关心的议题是如何进一步改善精神病患者的待遇，积极研究、治疗和预防精神疾病。

我国许多有识之士，在国际心理卫生运动影响下，经数百名教育家、心理学家、医生、社会学家的酝酿和发起，于1936年4月在南京正式成立了中国心理卫生协会。但因翌年抗战爆发，致使心理卫生工作被迫停顿。

第二阶段从第二次世界大战后到20世纪60年代末期。此阶段的任务是从关心身心因素的制约到关注社会因素的影响。

在这一阶段，随着临床领域生物—医学模式向生物—心理社会—医学模式的逐步转变，心理卫生工作的重点也从关心身心因素对精神健康的制约，逐步向关注社会因素对精神健康的影响方面发展。1948年在伦敦第三届国际心理卫生大会上通过的《心理健康与世界公民》的文件中，明确指出了心理卫生的社会化趋向，要求心理卫生工作者重视社会因素对心理健康的影响。

1961年世界心理健康联合会在其出版的《国际心理健康展望》中提出的任务是：在生物学、医学、教育学和社会学等领域，使居民的心理健康达到较高的水平。1964年在世界心理健康联合会第十四次年会上，以"工业化与心理健康"为中心议题，法国代表强调，在工业中心发生的个人与

集体的疏远是一个与心理健康密切相关的社会问题。还有的报告提到雇主和雇工之间的"社会性紧张关系"。这些均反映了资本主义社会关系下的个人与集体的心理健康问题。越来越多的国家和政府逐渐认识到心理卫生不仅是一个医学问题，而且是一个社会问题。

从20世纪70年代到目前是心理卫生运动发展的第三个阶段。该阶段的任务是从努力提高个体的适应能力到力图全面提高人的心理素质。

这与20世纪70年代以来人本主义心理学的兴盛有很大关系。人本主义心理学者指出，过去的心理卫生工作过多地集中于个体心理的不健康的一面，而对人的心理健康的一面关心不够，特别是忽视了增强人的适应能力。心理学家贾霍达（Jahoda)认为，应该从个体对于自己的态度，个体人格的完整性，个体的独立性或自主性，个体现实知觉的适宜性，个体驾驭环境的能力等方面，增强人的适应能力。该观点得到众多学者的赞同。

在中国，1979年冬，在天津召开的中国心理学年会上，许多与会者倡议重建中国心理卫生协会。以陈学诗教授为首的联系小组的积极活动，经中国科协和国务院体制改革办公室的批准，中国心理卫生协会于1985年3月恢复成立。同年9月在山东泰安举行成立大会。

2．心理卫生运动的发展趋势

许多专家、学者认为：全面提高人的心理素质，充分发挥人的潜能和创造性，塑造美好的心灵、个性，应该成为当今心理卫生运动新的目标和发展趋势。

从以上的内容中，我们家长朋友了解了什么是心理健康，子女心理健康的标准，讲究心理卫生、维护心理健康的重要性。那么，家庭为什么要讲究心理卫生？

◎ 家庭为什么要讲究心理卫生

　　家庭是最基本的社会群体。家庭主要成员的言行作风是家庭和睦和每个成员心理健康发展的关键。家庭教育和家庭关系是家庭心理卫生的中心课题。家庭教育是一种有目的、有组织、有计划地传授社会经验和发展智力的方式，对下一代的言语、行为、思想品德及人格的成长至关重要。

　　家庭心理环境对儿童心理健康的影响主要表现在以下几个方面。

1. 家庭气氛奠定了儿童心理健康的基调

　　所有的年轻父母在培养子女方面都舍得花钱，也认识到智力投资的重要，但很少注意家庭气氛的创造。有些家庭，夫妻间争吵不休，满嘴粗话，甚至动手动脚，家庭气氛经常处于紧张状态。家长以为孩子还小，不懂得什么，只需要父母的爱抚、照料、指挥和管教就够了。至于夫妻间的所作所为对小孩子是无所谓的。这可是大错特错了。其实，孩子们对父母的言行一一看在眼里，记在心里，尤其是对年幼的孩子，家长不经意间的言行的潜移默化的教育作用要强过家长刻意教给他的。

　　一位少女说："我的父母经常在我的面前吵嘴、打架。母亲大骂父亲，而父亲则打母亲，粗鲁野蛮。我是一个孩子，过去一直很尊敬父母，但多次目睹父母这样，我想父母就是这样的吗？现在不仅对父母怀有不信任感，而且瞧不起他们。"

　　有些父母长期感情不和，在家里寡言少语，总是绷着阴沉沉的面孔。在这种气氛中生活的孩子们如受苦刑，他们那天真无邪的天性受到压抑，时间久了势必损害他们的心理健康，会使儿童变得冷漠、孤独、执拗、粗野，成为心理方面的畸形儿。有的则产生强烈的逆反心理，形成神经质的病态人格。有的则感到自卑，破罐子破摔，自甘堕落，将对家庭的敌意指向社会，

形成反社会人格。人都本能地需要温暖和安全，以及被接纳、被认同的归属感。矛盾纠纷不断的家庭，无暇顾及孩子的内心感受和需要。孩子只好通过其他途径寻找温暖，这给社会上的不法之徒和流氓团伙提供了便利。

某市劳教部门对接受劳教的236名失足少年进行了一次失足原因调查，结果也令人吃惊：在236名少年中，家庭破裂或已达到破裂边缘的、父母之间经常争吵的占43.6%；家庭生活涣散、盲目追求物质享受，即所谓"享乐型家庭"占37.7%；对子女放任自流、溺爱娇惯或任意体罚的家庭占28.4%。

一个健康的家庭，父母双方应该彼此相爱，热爱孩子，关心孩子的兴趣、能力和志趣，愿意设法帮助孩子，使他了解父母。家庭成员之间能互相尊重爱护、以礼相待，为人处世通情达理，使家庭气氛安定和睦、融洽温暖、民主平等、愉快欢乐。

有一位母亲在买菜时买回了一条青虫，女儿要饲养，母亲没有阻止女儿的行为，而是配合女儿在饲养青虫的过程中，引导女儿观察、探索，逐渐使女儿知道了青虫的蜕变，明白了青虫的习性，最后消灭了青虫。在父母的鼓励和帮助下，孩子探索世界的兴趣日渐浓厚，而探索过程中的成功体验也增强了孩子的自信心，发展了孩子的坚持性。

总之，和谐融洽的家庭气氛有助于儿童健康心理的形成和稳定。

2. 父母的教育方式对儿童心理健康的影响

家长的教养方式主要有以下几种：

（1）和谐型。其特点是家庭和睦，彼此尊重，相互支持，地位平等。在这种家庭中，孩子的身心都能得到很好的发展，既有利于其智能的展现，又有利于其形成关心他人、热爱集体的良好道德品质。

（2）自由型。其特点是家庭结构松散，彼此互不干涉。这种家庭多是家长工作繁忙或经常出差在外，将子女或寄养在亲属家中，或寄宿于学校，而疏于对子女的直接养育。这种家庭中的孩子会出现两种分化：一是奋发自强型。这些孩子能够正确面对家庭的现实，在父母勤奋工作的影响下，不怕吃苦，积极奋发向上。这类孩子比较灵活，社会适应能力较强，独立性较强。二是自由放任型。父母往往认为"树大自然直"。部分孩子在家长无暇顾及或不管不问的情况下，学习不认真、无兴趣，经常迟到、旷课，极易形成不良习惯，甚至误入歧途。

（3）娇宠型。这种家庭对孩子的要求一概满足，溺爱娇惯，言听计从。长久下去，孩子缺乏自我克制的能力，独立性差，依赖性强，不但妨碍智力发展，还容易形成自傲、任性等不良个性，导致人际关系不协调，将来很难适应社会生活。

（4）专制型。专制型家长主要表现形式有两种：一是简单粗暴。他们认为"棒打出孝子"、"不打不成器"。这些家长对子女的过失不分青红皂白，不问具体情节和原因，非打即骂，不仅摧残了孩子的身心健康，又可能使孩子产生逆反心理。二是监督过严。家长对子女的正常活动和要求加以苛刻的限制，使子女的身心受到极大的压抑，形成强烈的自卑感。一旦离开家庭的束缚，则往往走向另一个极端，效仿父母，把怨恨发泄到其他人身上。上述两种形式的家庭，其子女都易形成被动、胆怯、冷酷、粗暴、反抗的不良心理特征。

由此可见，家长的教养态度和方式对子女有较大的影响。因此，家长应努力营造一个和谐、安静、亲密友好的家庭环境，使孩子身心得到健康的发展。

3. 父母的期望对儿童心理健康的影响

家长的期望有强烈的暗示和感染作用。从心理学来讲，期望是一种心理定式，家长对子女的态度激励着儿童不断向前发展。美国著名心理学家罗森塔尔的研究表明：教育者的期望对受教育者有重大影响。因此，父母对子女的美好期望是家庭教育中必不可少的，家长的期望越高，对孩子的激励越大，就越能强化他们接受教育的主动性和自觉性，有利于儿童意志品质的锻炼，形成远大的抱负。需要说明的是，这种期望是有一定限度的，必须符合

儿童身心发展的特点，适合儿童个人的兴趣和爱好。

据报载，一对孪生姐妹竟然用老鼠药杀死了自己的父母！原因是父母要求她们一定要考上重点中学，而她们的成绩与重点高中的分数线相距甚远，父母平时又经常责骂她们成绩不好，却忽视了女儿成绩不好有多方面原因，没有和孩子沟通，对孩子的教育缺乏关心，没有耐心和细心，一味责怪和数落女儿，以至于被父母"贬"得无地自容后滋生的自卑感深深地笼罩着她们，于是就想到把父母整死以争取自由，悲剧就这样发生了。

可见，如果家长盲目攀比，对子女期望过高，不但起不到积极促进作用，反而会使孩子遭遇挫折后，丧失信心，形成消极心理。

科学合理的期望应该是长远目标与阶段目标相结合，还要联系孩子的兴趣爱好，注重孩子的全面发展。父母要求孩子做到的应该是孩子经过一定努力可以达到的，并在孩子遭遇挫折时不断给予鼓励，增强孩子的勇气和自信，这样逐渐提高要求，并且将父母的关心、爱护渗透其中，就会使孩子从父母长期的美好愿望中吸取力量，不断进取，从而促进和维护儿童心理健康。

4. 家庭结构及功能影响儿童的心理健康

家庭既能塑造人也会伤害人。功能健全的家庭是一个安全的港湾、可以诉说心事的地方，会有一种积极向上的动力，全家人共同面对糟糕的事件和情境，化解家庭冲突，形成家庭支持的合力，有利于孩子的健康成长和家庭幸福；而功能缺失的家庭，成员之间不善于理解与沟通，有了难处会相互指责，父母的挫折、焦虑情绪也有可能投射其子女，使之成为家庭冲突的牺牲者，往往就在不经意间构成了家庭创伤。

不完整家庭主要指父母离异、丧父或丧母、父母离家在外等几类特殊家庭。

（1）父母离异对子女的影响

父母离异对子女的影响并不一定都是破坏性的。单从不利于子女心理健康的一面来看，首先，会使孩子注意力分散，记忆力下降，精神恍惚，脑中常会出现父母离婚了自己怎么办之类的问题；其次，有些父母在闹离婚过程中，不断争吵、打骂，一些父母还会把自己的烦恼发泄在孩子身上，使孩子自尊心受挫，逐渐形成畏缩、自卑、孤独、冷漠的不良性格。还有的父母在离婚过程中，考虑更多的是自己的利益和需要，削弱了对子女的关心和督促。这时，孩子往往会产生一种离心力，一些不慎的交往活动加剧，弄不好便会沾染上不良习气，走上犯罪道路。

清华大学四年级学生刘海洋数次将火碱、硫酸倒向北京动物园饲养的狗熊身上和嘴里，致使5只国家珍稀保护动物——狗熊遭到不同程度的严重伤害。作为一名名牌大学的"高才生"，又受过良好的高等教育，他的行为能用"好奇"来简单解释吗？其实，在刘海洋仅两个月大时，其父母就离异了，刘海洋由母亲抚养成人，在这个单亲家庭中，母亲过于注重儿子的学业，盼望儿子早日成才，却忽视了儿子的心理需求，长期的心理不平衡形成了刘海洋的不健康心理，刘海洋对狗熊的伤害行为，恰恰表明他缺乏同情心、冷酷，没有社会责任感，缺乏应有的公德和法律意识。父母不恰当的教养态度导致的后果是多么不堪设想啊！

(2) 父母丧失对子女的影响

大量事实证明，健全完整的家庭对子女的身心发展有良好的作用，父母之间对子女带有一定差异性的教育是一种天然的和谐，是一种相互取长补短的巧妙配合。父母在教育子女的过程中会产生各自无法替代的作用。如果丧失了母爱，会使孩子心理上没有稳定感，易产生情绪上和人格上的障碍；丧失了父爱，又会使母爱向溺爱型发展。有些孩子由于丧父(或丧母)，其母(或父)再婚，而由祖父母(或外祖父母)抚养，这种隔代抚养会因老人自身生理、心理上的一些日趋退化的特点，对其产生消极的影响。但也有些孩子可能因亲人的去世而独立意识增强，生活自理能力得到锻炼，学习上更加努力，上进心提高，自我约束能力不断加强。

（3）父母离家对子女的影响

有些家长离家出外谋求发展，将孩子寄养在亲属家或寄宿在学校里。这种情况对孩子的影响有利也有弊。一方面可以锻炼孩子的自我管理能力和与人交往能力，增强独立意识；另一方面也可能使孩子产生寄人篱下的情绪，自卑心理严重。有些父母用金钱和物质弥补亲情的缺失，易使孩子追求物质享受，缺乏理想，学习动力不足，经受挫折的耐力很差。

家长在维护子女的心理健康方面起着重要作用。那么家长朋友会问，都有哪些因素影响我们子女的成长，哪些因素影响我们子女的心理健康呢？我们将在下面的内容中向家长作一介绍。

（李百珍　李焕稳）

呵／护／孩／子／的／心／灵

探析心理健康的成因

　　家长朋友会问，到底影响子女心理健康的因素是什么？我的孩子目前的心理发展状况是怎样的前因后果呢？不同的心理学家提出了不同的见解。

　　美国儿童心理学家霍尔说过："一两的遗传胜过一吨的教育。"他强调的是生物因素对人的发展的影响。

　　美国行为心理学家华生和斯金纳倡导的是后天环境对儿童的心理发育起着决定性的作用。华生有一句颇为偏激的名言，他说：给我一打健康的婴儿，并在我设置的特定环境中教育他们，那么任意挑选其中一名婴儿，不管他们的才能、嗜好、性格和神经类型等种种因素如何，我都可以把他们训练成我所选定的任何专家、医生、艺术家、商人乃至乞丐和小偷。他认为人的一切行为都是在后天环境影响下形成的。

　　斯金纳则认为：任何有机体都倾向于重复那些指向积极后果的行为，而不去重复那些指向消极后果的行为。他强调的是人的行为之所以发生变化都是由于"强化"发生的作用。

　　在以上观点的影响下，有的人认为我们完全可以按照我们自己的主观愿望将儿童培养成所需要的人；有的人认为每个人的遗传特征决定了其人生发

展的速度和结果，教育和环境在个人的发展过程中都显得苍白无力。虽然他们各自站在不同的角度探讨了儿童心理发展的成因，他们的观点各异，但都有一定的局限性和科学性。归结起来，他们认为影响子女心理健康成长的因素有遗传、环境、教育等因素。

而我们家长则要认识到儿童的成长是遗传与环境、天性与教养、成熟与学习多种因素交互作用的结果。

家长朋友在阅读下面的介绍时，可以边阅读边思考，联系一下有哪些是我在教育孩子时感到困惑的，或许能在不同的观点中找到解读孩子心理发展的钥匙。下面我们对他们的见解分别加以介绍。

我们首先向家长介绍遗传因素的作用。

◎ 遗传因素的作用——种瓜得瓜，种豆得豆

一、遗传与遗传素质

1.遗传

遗传，一般是指亲代的性状又在下代表现的现象。遗传是一种生物现象。人类通过遗传将祖先在长期生活过程中形成和固定下来的生物特征传递给下一代。

2.遗传素质

遗传素质就是指从自己父母的遗传基因中获得的生物特征。遗传的生物特征主要是指那些与生俱来的解剖、生理上的特征，如有机体的构造、形态、感官和神经系统的特征等等。这些特征也叫遗传素质。

基因来自父母，几乎一生不变，父母会遗传给孩子什么？

父母会遗传给孩子什么

外形外貌

肤色与发色：肤色在遗传时往往不偏不倚，让人别无选择。它总是遵循着"相乘后再平均"的自然法则，给孩子打着父母"综合色"的烙印。比如，父母皮肤较黑，绝对不会有白嫩肌肤的孩子；如果父母中一个人较黑，一个人较白，那么在胚胎时"平均"后，便给孩子形成一个不黑不白的中性肤色。

鼻子：一般来讲，鼻子大、高而鼻孔宽的人呈显性遗传。父母双方中有一人是挺直的鼻梁，遗传给孩子的可能性就很大。另外，鼻子的遗传基因会一直持续到成年，也就是说，小时候矮鼻子的人，长到成年时期还有变成高鼻子的可能。

有半数以上概率的遗传

身高：决定身高的因素35%来自父亲，35%来自母亲。假若父母双方个头不高，那只剩30%的后天身高因素，也决定了你力求长个儿的尝试不会有明显效果。

肥胖：人的体型有一定的遗传性。比如，我们中的一些人，吃同样的食物，有着同样的运动量，结果有些人体型正常，但有些人却偏胖或偏瘦。研究认为，不同的人有着不同的代谢率，通常代谢率较低的人就容易长胖，这是由体型遗传因素而决定的。如果父母属于容易长胖的那种类型，孩子就容易偏胖。因此，这样的孩子在出生后，喂养上要注意营养平衡，不要吃得过多。如果父母中有一人肥胖，孩子发胖的机会是30%。如果父母双方都肥胖，孩子发胖的机会是50%～60%。另外，也有些说法，认为母亲在孩子体型方面起到的作用较大，也就是说孩子不论性别如何，都比较像母亲。

秃头：造物主似乎偏袒女性，让秃头只传给男子。比如，父亲是秃头，遗传给儿子概率则有50%，就连母亲的父亲，也会将自己秃头的25%的概率留给外孙们。这种传男不传女的性别遗传倾向，让男士们无可奈何。

疾病的遗传

过敏和哮喘：如果父母中有一人患哮喘或过敏症，孩子遗传的概率是30%～50%，如果父母都患哮喘或过敏症，概率就会提高到80%。过敏：如果夫妇两人中有一人患有过敏，孩子得过敏的概率可达48%；如果两人都有过敏史，孩子得病的概率可上升到70%。孩子并不一定和父母一样因同一种物质而过敏，但我们可从中得到一些启示。

在婴儿期食物过敏表现的症状为皮疹、腹泻、哮喘、呕吐或是鼻黏膜充血。牛奶、鸡蛋、海鲜、玉米、坚果、大豆和小麦是最常见的容易引发过敏的食物。将这些食物排除在孩子的日常食谱之外，坚持几年可以使1/3的患过敏孩子减轻不良反应，在此之后，再吃此类食物则无大碍。然而，孩子对海鲜、坚果、贝壳类动物的过敏反应并不大可能会随着年龄的增长而减轻、消失，所以，最好永远不要让孩子碰此类食物。

耳朵发炎：据估计如果父母长期耳朵发炎，遗传给孩子的可能性有60%～70%。因为父母很有可能遗传给孩子脸型或者耳咽管的结构，因此得到这种遗传基因的孩子更容易出现中耳炎。

近视：近视与遗传有一定的关系，尤其是当父母均为高度近视时，宝宝近视的概率就会更大，即使不是一出生就近视，一旦受到环境的影响，就可能发展为近视。因为遗传因素而成为近视的人数仅占近视总人数的5％，后天环境和习惯的影响更加不容忽视。

龋齿：不能说龋齿本身是遗传的，但容易患龋齿的体质却是遗传的。父母龋齿多，子女的龋齿也不会少；父母龋齿发生率低则子女也低。

糖尿病：糖尿病亲属发病率比非糖尿病亲属高17倍，Ⅱ型比Ⅰ型糖尿病的遗传倾向更显著。糖尿病遗传的不是它本身，是它的易感性。

心脏病：如果父母患心脏病，子女就特别容易发生心脏病，他们发生心脏病的概率要比父母没有心脏病的子女高出5～7倍。

鼻炎：鼻科疾病中有许多都是遗传的。比如最常见的过敏性鼻炎、慢性鼻炎和慢性鼻窦炎，这三种鼻炎都有家族遗传倾向。

高血压、高血脂：如果父母一方患高血压或高血脂，孩子患病概率是50%；如果父母双方都患有高血压或高血脂，概率将提高到75%。这种疾病的遗传性很大。

即便是父母、祖父母、外祖父母中仅一人患心脏病，或者在55岁之前曾被确诊心脏病，孩子得病率也非常高。

肥胖症：父母一方是肥胖症，孩子超重的可能性是40%；如果父母双方都是肥胖症，可能性就会提高到70%。即便如此，只要孩子一直坚持健康饮食，锻炼身体，也能长成一个体重正常的孩子。

皮肤癌：黑毒瘤是一种不常见但非常致命的皮肤癌。如果父母一方患有黑毒瘤，孩子得病概率是2%～3%；如果父母双方都患有黑毒瘤，概率就会提高到5%～8%；如果父母或者孩子的某个亲戚在50岁之前就被确诊患有黑毒瘤，那么孩子得病的概率将会更高。

传男不传女的遗传病：某些遗传病，男性要比女性发病多，或者只是表现在男性身上，而女性却不发病。比如，秃头、红绿色盲、进行性肌营养不良(假肥大型)、蚕豆病、血友病等疾病，往往只见于男性患者，女性只是患病基因携带者。

心理方面（遗传而来的神经系统的结构和特点而造成的）

注意力不集中：注意力不集中的孩子，至少父母中有一人也得过此症。它的一般表现症状为孩子不能集中思想或是安静地坐着，非常冲动，有捣乱行为，并且这些行为不仅仅限于在家里或是学校。

孩子说谎好斗：这项由弗吉尼亚大学领导进行的研究发现，反社会人格特征如好斗、爱争吵、说谎、欺凌弱小等可能是天生的。这项新研究挑战了科学界的一个共识：难与人相处的孩子是破碎家庭的产物，或父母身教不善的恶果。

面部表情可遗传

1872年，物种进化论的提出者达尔文提出理论说，面部表情是与生俱来

的，并可遗传给后代。皮莱格女士和他的同事们通过对天生失明者进行研究后发现，一个家庭的成员在面部表情上有很大的相似之处，但消极的表情比积极的表情更容易被遗传。比如，在一个家庭中，各成员生气的面部表情是最具有相似性的，其次分别是吃惊、厌恶、高兴、伤心和集中精神。

在美国《国家科学院学报》月刊发表的这项研究报告中，科学家第一次证明，人的面部表情更多源于基因而不是模仿他人。根据该理论，每个家庭都有特定的表情习惯，生气时咬嘴唇、思考时吐舌头都是来自遗传，而并非孩子模仿家长的结果。

忧郁症：如果父母有忧郁症史的，则孩子得此病的机会是普通孩子的3倍。

乐观的个性：爱丁堡大学的研究人员蒂姆·贝茨说："我们发现，研究对象在快乐方面的差异约有一半受到遗传基因的影响。这个结果实在令人惊讶。""同卵双胞胎的性格特征和快乐程度十分相似，而异卵双胞胎仅有约50%的相似度。这充分说明了基因的作用。"研究指出，善于交际、活泼、踏实、勤奋、有责任心的人更加快乐。

从以上的父母遗传给孩子的内容中我们可以看出遗传在一个人的发展中的重要性了吧！因此我们可以说"种瓜得瓜，种豆得豆"。如果我们家长在责怪孩子为什么不能像×××那样优秀时，也许应该先反省一下自己，你有没有给你的孩子如此好的遗传素质呢？有些行为习惯对某些孩子来讲比较容易形成与培养，而对其他遗传性不同的孩子就比较困难。

二、遗传素质是个体心理发展的生物前提和物质基础

遗传素质在个体心理发展中的作用是不可忽视的，它是个体心理发展的生物前提和物质基础，没有这一前提条件就谈不上心理的发生与发展。正常的遗传素质，使儿童在社会生活条件下能够发展成为一个具有正常心理发展水平

的人。没有正常人的先天素质，就会影响人的心理发生与正常发展。无脑畸形儿生来就不具有正常的脑髓，因而不能产生思维，最多只能有一些最低级的感觉，如关于饥、渴的内脏感觉等。许多智力低下的儿童，特别是比较严重的，常常是有遗传上的缺陷。例如，先天愚型患者，就是因染色体遗传不正常，其中有一对多了一个染色体，从而出现了严重的智力缺陷。先天的生理解剖缺陷限制了儿童的心理发展，色盲、耳聋对人的视觉、听觉发展有很大影响，具有这些缺陷的人就无法成为画家、歌唱家。因此遗传素质是心理发展的自然条件和必要的物质前提。格赛尔是遗传论的心理学家，他的经典实验"双生子爬楼梯"，就是这一观点很有力的佐证。

格塞尔与双生子爬楼梯

格赛尔选择了一对双胞胎，他们的身高、体重、健康状况都一样。让哥哥在出生后的第48周开始学习爬楼梯，48周的小孩刚刚学会站立，或者仅会摇摇晃晃勉勉强强地走，格赛尔每天训练这个孩子15分钟，中间经历了许多的跌倒、哭闹、爬起的过程，终于，这个孩子艰苦训练了6周后，也就是到了孩子54周的时候，他终于能够自己独立爬楼梯了。

双胞胎中的弟弟，基础情况跟哥哥完全一样，不过格赛尔让他在52周的时候才开始练习爬楼梯，这时的孩子基本走路姿势已经比较稳定了，腿部肌肉的力量也比哥哥刚开始练的时候更加有力，并且他每天看着哥哥训练，自己也一直跃跃欲试，结果，同样的训练强度和内容，他只用了两周就能独立地爬楼梯了，并且还总想跟哥哥比个高低。

一个是从48周开始，练了6周，到了54周学会了爬楼梯；另一个是从52周开始，练了2周，也是在54周时学会了。后学的尽管用时短，但效果不差，而且具有更强的继续学习意愿。

这个试验是否是个偶然现象呢？格赛尔原来也认为这只是个偶然现象，于是他就换了另一对双生子，结果类似；又换了一对，仍然如此。如

此反复地做了上百个对比试验，最终得出的结果是相同的，即孩子在52周左右，学习爬楼梯的效果最佳，能够用最短的时间达成最佳的训练效果。此后的几年，格赛尔又对其他年龄段的孩子在其他学习方面进行试验，比如，识字、穿衣、使用刀叉，甚至将试验领域扩展到成人的学习过程，都得出了相类似的结论。

格塞尔根据自己长期临床经验和大量的研究，提出个体的生理和心理的发展，取决于个体的成熟程度，而个体的成熟取决于基因规定的顺序。成熟是推动儿童发展的主要动力。没有足够的成熟，就没有真正的变化。脱离了成熟的条件，学习本身并不能推动发展。

遗传虽然如此重要，但并不是决定一切。因为遗传只是提供了事物发展的可能性，要使可能性变成现实，还需要具备一定的生活条件和教育，没有这后一条件，再好的遗传基础也是没有用的。

另外，遗传素质对心理发展的不同方面，在不同年龄阶段，它的作用和影响也不完全相等。据心理学家研究，遗传素质在感知觉和气质方面有较大的影响。而在个性品质、道德行为习惯方面，遗传素质影响就比较小。从年龄阶段来说，一般年龄越小，遗传素质的影响相对比较大，年龄越大，它们的影响就小。家长了解和掌握了这一点后，就可以有的放矢地进行因材施教，发扬遗传素质中的优势，促使儿童心理发展水平的提高。

◎ 环境和教育的作用

对于一般的正常儿童来说，心理能否发展，向什么方向发展，发展的速度和水平如何，不是由遗传和成熟决定的，而是由环境和教育决定的，其中教育更起着主导作用。

一、环境的作用

1. 环境使儿童发展的可能性变为现实

　　遗传和成熟在幼儿心理发展中确实起着重要的作用。但是，必须明确，遗传和生理成熟毕竟仅仅是儿童心理发展的物质前提，只提供儿童心理发展的可能性，而不是现实性。而环境则可以使儿童发展的可能性变为现实。环境分为自然环境和社会环境。其中，自然环境包括物理、化学以及生物因素，社会环境包括教育、社会学、经济、文化以及医疗保健等因素。生活环境、工作环境、居住环境、娱乐环境与自然环境、社会环境中的诸多因素相互关联，对人的发展产生直接或间接影响。

狼孩卡玛拉

　　印度狼孩卡玛拉在出生后不久被狼叼去，在狼的生活环境中生活了七八年。被发现时，她只能用四肢行走，昼伏夜动，吃东西不用手拿，而是把食物放在地上用牙齿撕开吃。虽然她已经七八岁，但智力只相当于六个月乳儿的水平。她对人不发生兴趣，没有感情，不让人们给她洗澡。人们花了很大的力气也不能使她很快适应人类的生活；训练两年后，卡玛拉才会直立；六年后才会艰难地行走，但快跑时仍需四肢并用。卡玛拉于十六七岁时死去，这时她也还不能讲话，智力只及三四岁的孩子，并常有许多狼的习性的表现。

　　由于狼孩在出生后便脱离了人类的社会环境和教育，她接触的是狼的环境、狼的"教育"，因而尽管她长着人的脑，却成其不了人，最终只是个"狼孩"，没能形成正常人的心理。

2. 环境决定儿童心理的发展方向、水平、速度

　　虽然遗传素质差别不大，但是由于人们生活在不同的自然环境和社会环境中，因此中国北方的广阔、粗犷形成了北方人的人豁达、爽朗，而南方的温暖、湿润的气候，则造就了南方人的精致、细腻和温文尔雅。生活在不同家

庭，学习在不同水准的学校，儿童心智发展的速度和水平也是不一样的。因而就有了"龙生龙，凤生凤，老鼠的儿子会打洞"的俗语。因此也就有了古代的孟母三迁和今天父母的择校。正如荀子说：蓬生麻中，不扶自直；白沙在涅（黑土），与之俱黑。

儿童的成长是遗传与环境交互作用的结果如图所示。

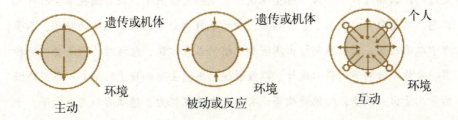

我们知道，同卵双生子的遗传素质是基本相同的，而异卵双生子的遗传素质则不太相同。

如果将同卵双生子放在不同的环境下抚养，接受不同的教育，而将异卵双生子放在相同的环境下抚养，接受相同的教育，其结果是：异卵双生子在心理，包括智力、性格等方面的相似性都大于同卵双生子。

显然，心理是遗传和成熟与环境和教育交互作用的结果，遗传和成熟为儿童心理发展提供了物质基础，环境和教育决定了儿童心理的发展方向、水平、速度。

二、教育对儿童的心理发展起着主导作用

1. 教育

教育，作为"有意识的以影响人的身心发展为直接目标的社会活动"，它是教育者依据其教育目的来对环境影响加以选择，通过组织一定的教育内容，并采取一定的教育方法，对儿童的身心发展产生导向性的、系统的影响。

2. 教育在儿童的心理发展中起主导作用

教育在儿童的心理发展中起主导作用。它的影响究竟有多大？我们可以通过以下事实来体会。

卡尔·威特是老卡尔52岁时才得的一个孩子。他刚出生时四肢抽搐，呼吸急促，婴儿期反应相当迟钝，显得极为痴呆。对此，老卡尔无奈地悲叹："这是遭的什么罪呀！"其母亲绝望地说："这样的傻孩子，教育他也不会有什么出息，只是白费力气罢了。"然而，由于威特是老卡尔52岁才得的孩子，尽管老卡尔很悲伤，但依然制订出周密而严格的教育方案，包括对其所进食物的种类、分量、时间等的精心设计；以最敏锐的感觉去感知孩子的需要；每天晚饭后带儿子出去散步，给他讲故事；有意开发其记忆力、想象力和创造力等。于是，造就了卡尔·威特在8~9岁时就能运用德语、法语、意大利语、拉丁语、英语和希腊语这六国语言，通晓动物学、植物学、物理学、化学，尤其擅长数学；9岁进入了哥廷根大学读书；14岁被授予哲学博士学位；16岁获得法学博士学位，并被任命为柏林大学的法学教授；23岁时《但丁的误解》一书出版使他成为研究但丁的权威。卡尔·威特一生都在德国的著名大学里教学，在有口皆碑的赞扬声中一直工作到去世为止。

卡尔·威特并非天生禀赋很高，他的天才般的成就几乎是老卡尔倾注其全部心思培育的结果。可以说，教育的力量是无穷的。

虽然不同个体得益于环境和教育的作用有所不同，但若教育得法，我们是能够使教育的力量在每一儿童已有基础上发挥至极限的。

"创造艺术的指挥家" —— 舟舟

舟舟，1978年出生在一个有音乐氛围的家庭。他今年30岁，但智商只相当于四五岁的儿童。是残疾人中被称为"特残"的那种——弱智。 他不识字、不认乐谱，至今只能从1数到7，他的作业本堆得一个人高，全是2+2＝4……却被世界著名的音乐大师斯特恩誉为"创造艺术的指挥家"。

弱智的舟舟从3岁开始每天都跟着父亲到乐团上班，对家人而言，这是无可奈何的办法，但对舟舟来说，却正是他"艺术生涯"的开始。从第一天跟父亲到乐团起，舟舟对音乐、演奏、指挥就表现出不同寻常的兴趣。乐团演奏时，他时常坐在"专座"上一动不动地仔细聆听，目不转睛地注视着指挥，即便是休息时间也是如此。舟舟6岁的一天，乐团练习中场休息时，乐手们逗着舟舟说"想不想当指挥？"，舟舟随即说"想"，自己就爬上了指挥台，开始指挥乐曲"卡门"。舟舟的指挥如同得到老指挥家的真传，他将老指挥家的风采发挥得淋漓尽致。不但动作优美，而且指挥精确，在音乐声中，舟舟就像一个老练的指挥，镇定自若，此时，他的痴呆似乎不存在了。舟舟自6岁开始走上了他的指挥生涯，现为中国残联艺术团成员。

舟舟的故事给了我们很大的启发，他对世界的茫然与无知、对音乐的特别敏感、悟性与喜爱……不正是对"遗传和环境论"的最好诠释吗？

3. 教育的心理学依据——强化与观察模仿

家长从上面的例子中，一定想知道是怎样的教育在卡尔·威特和舟舟身上起了作用。心理学家给了我们答案：强化与观察模仿。让我们看几个有趣的试验。

斯金纳箱——强化

斯金纳是美国著名的心理学家，他曾精心设计了一个斯金纳箱，这是研究人体和环境作用的典型实验装置。这个装置的设计十分简单，箱子的侧壁上有一个杠杆，按压时，便有食物出现。实验动物是一只白鼠，它可以在里边自由走动，但它看不见杠杆，只是在偶尔碰到杠杆时，便有食物滚出，给予强化。对白鼠来说，起初的强化是相对无效的，但经过几次强化后，其反应的速率加快，目的性增加。

有的家长要问：斯金纳设计的斯金纳箱，研究的是动物小白鼠，是挺有意思的。但是家长朋友关心的是，它对子女的心理健康成长又有什么用处

呢？您别着急，下面就介绍斯金纳是怎样把操作性条件反射的原理应用于儿童身上的。

斯金纳把操作性条件反射的原理应用于儿童身上，他认为——

首先，强化作用是塑造儿童行为的基础。他认为，只要了解强化效应，操纵好强化技术，就能控制行为反应，并随意塑造出一种教育者期望的儿童行为。儿童偶尔做出一种行为而得到教育者的强化，这个动作后来出现的概率就会大于其他动作。

例如：您正在上小学的女儿，看您扫地，她就主动拿来簸箕帮忙，您若表扬她"宝贝儿真乖，懂得心疼妈妈了，帮妈妈的忙了"。这种表扬的话语对于女儿来说就是一种正强化，下次您在扫地时，女儿为了获得这种表扬还会主动帮忙。另外，强化的次数加多，概率亦随之加大，这便导致了儿童操作性行为的建立。当妈妈多次鼓励、表扬女儿帮忙做家务这种好的行为后，女儿即使得不到表扬也同样会积极地帮助母亲，这就是操作性行为的建立。

其次，强化在儿童行为发展过程中，起着重要作用。行为不强化，就会消退。斯金纳认为，儿童之所以要做某事，就是想得到成人的注意。要使儿童的不良行为消退，可在这些行为发生时不予理睬，排除对他的注意。例如：当您的孩子在超市看到自己心爱的玩具时，寸步难行，您若不买他便哭闹。如果此时您对他的哭闹不予关注、采取冷淡的态度。这样当孩子下次遇到喜欢的物品想买时，就不会采取哭闹的不良行为要挟家长。

再次，斯金纳还强调及时强化。他认为若不进行及时强化，是不利于人的行为发展的。教育者要及时强化希望在儿童身上看到的行为。

家长对孩子教育除了强化之外，还有就是身教，家长的榜样作用。因为心理学家班杜拉通过研究发现：儿童的社会行为是通过观察与模仿而获得的。

班杜拉是美国心理学家，是社会学习理论的创始人。在影响个体心理发展因素的观点上，他也是强调环境对人发展的作用的。班杜拉认为，儿童通过观察他们生活中重要人物的行为而学得社会行为。他所提倡的观察模仿学习理

论，为教育上所提出的身教重于言传的观点提供了心理学上的理论依据。

波波玩偶实验

在实验中，儿童们在房间观看一部录像，一位模特攻击性地殴打一个玩偶："模特用棒槌敲它的头部，把它朝下猛摔，坐在它上面，反复地打它的鼻子，把它抛到空中，用球击打它……"看完录像后，儿童们被安置在一间有好玩的玩具的房间里，但他们不能动玩具。因此，儿童们变得愤怒和沮丧。然后，把这些儿童领到一间同样放着玩具的房间。班杜拉和许多其他研究人员发现88%的儿童模仿攻击行为。8个月后，40%的儿童重演波波玩偶实验中观察到的暴力行为。

滚木球比赛

让7～9岁的儿童观看滚木球比赛的榜样，这个榜样只要当他得到高分数时，就用糖果来奖励自己，否则，榜样就将作自我批评。以后，让看过和未看过榜样滚木球比赛的儿童，分别独自玩滚木球比赛游戏，结果是看过榜样比赛的儿童，采用的是自我报酬，或自我奖励(self-reward)的行为。而未看过榜样比赛的儿童对待报酬的方法，则不管什么时候，只要自己愿意和感到喜欢就行。让7～11岁的儿童观看成人榜样玩耍滚木球游戏，并将所得部分奖品捐赠给"贫苦儿童基金会"，然后立即让这些儿童单独玩这种游戏。结果他们比没有观看过成人榜样玩耍滚木球游戏的儿童所做的捐献多很多。

从以上正反两个小实验中我们可以看到，无论我们的初衷如何，环境中，尤其是家庭环境中成人的行为，潜移默化中都在影响着孩子，所以家长一定要注意自己在孩子面前的言谈举止。你的子女就是你的镜子。

因此，在实际生活中，一个男孩如果看到父亲乐观地面对挫折和困难，积极地解决，对待家人关心爱护，富有责任心，对待母亲温柔体贴等，那么，在父亲行为的潜移默化的影响下，这个男孩也会形成与父亲相近的男性品质：乐观、积极向上，对他人有爱心、对工作有责任心，对配偶温柔体贴。相反，一位父亲如果性格懦弱、办事优柔寡断，心胸狭窄，对待妻子疑心很重，那么长

期与父亲一起生活的儿子，就很难形成刚毅坚强的男子汉的性格。

社会行为光靠训练效果是不理想的，有时强制的命令可能会一时奏效，但会有反复。只有榜样的影响才更有用，而且持续时间更长。所以家长要想教育好自己的子女一定要记住身教重于言传。家长要想达到所期望子女的目标，那你也要身体力行了！

◎ 儿童心理发展的内在动力

自身的因素的需要是儿童心理发展的内在动力。环境和教育是儿童心理发展的决定性条件，但是这并不意味着它可以机械地决定儿童心理的发展。环境和教育对于儿童心理发展的决定作用总是通过个体或主体的活动，通过儿童心理发展的内部原因来实现的。这就是毛泽东在《矛盾论》中所指出的："外因通过内因而起作用。"

一、什么是儿童心理发展的内因呢？

一般认为：在儿童主体和客观事物相互作用的过程中，亦即在儿童不断积极活动的过程中，社会和教育向儿童提出的要求所引起的新的需要和儿童已有的心理水平或心理状态之间的矛盾，是儿童心理发展的内因或内部矛盾。

家长朋友应该知道，我们不能强迫孩子去学习，但是家长可以采取一定的措施，激发孩子的学习兴趣和求知欲望，变"要他学"为"他要学"，把家长和学校的要求转化为子女自己的需要，家长和学校乃至社会为孩子提供良好的教育才能通过子女的内因而起作用。

"悬梁刺股"、"映雪囊萤"、"凿壁偷光"的学习精神，应该是学习者

内因的巨大力量在起作用吧!

在了解和激发孩子心理需要时家长朋友一定要分清,你为孩子确定的目标与理想是你的还是孩子的,你的孩子是否有实现那些目标的遗传素质、环境条件和内在的需要,如果有些条件不充分,也许你要认真反思自己对孩子的教育是符合你的子女的吗?

二、儿童的基本需要及引导

儿童的基本需要主要有:

(1)生理的需要

如对饮食、睡眠休息的需要。年幼的儿童的生理需要往往立即要求满足,得不到满足就会焦躁不安,甚至哭闹不停。一个身体虚弱的孩子难以对自己的身体有信心,心情不好,对人对事不积极,做事畏缩犹豫,性格也就难以坚强。相反,孩子的身体体质好,有信心,有勇气,敢作敢为,就容易培养自信坚强的性格。

(2)活动的需要

儿童有强烈的活动需要,活泼好动是他们的天性。玩是他们成长的不可或缺的内容。在活动中可以发展他们的求知欲,还可以培养他们积极的情感和锻炼他们的意志。

(3)交往的需要

正常的儿童希望与人交往,喜欢与小朋友们一起游戏,不愿独处。在交往中发展了他们的自我意识和开朗乐观的性格。

(4)尊重的需要

随着年龄的增加、自我意识的发展,他们希望受到成人或其他幼儿的赞扬、友谊和尊重,当他们被忽视、嘲笑或是戏弄时,或是在众人面前被呵斥甚

至体罚时，会感到伤心、委屈，会哭闹，甚至暴怒反抗。

（5）认识的需要

儿童好奇好问，喜欢摆弄东西，渴望认识各种自然现象和社会生活，表现出强烈的认识需要。广泛的兴趣有助于子女的智力和性格的发展。

成人要关心和引导儿童的需要健康发展。

激发子女的兴趣，保护子女的好奇心，满足子女合理的需要，制止子女不合理的需要，形成子女新的需要，促使其个性积极发展。

为了维护家庭成员特别是子女的心理健康，家长朋友除了了解以上的关于影响子女发展因素的一些观点，另外家长还需要初步了解一些心理卫生理论知识。这有助于家长更好地了解自己子女的心理，更好地了解维护心理健康的基本要求，就能更自觉地、积极主动地按照心理学的基本理论知识，维护和保障家庭成员，特别是子女的心理健康。

（郝志红　李焕稳）

认识自己和子女的心理
——学习心理卫生理论

◎ 精神分析理论——人是本能和过去的奴隶

提到弗洛伊德，家长朋友们可能不太熟悉，但许多青少年朋友对他都不陌生，他是20世纪最伟大的心理学家，西方一些心理学家惊呼："很难找到心理学或精神病学的一个领域未曾受到弗洛伊德思想的影响。他的学说曾经激起上千富有成果的假说和鼓舞人心的实验。它的影响在社会学和人类学方面也都是同样不可估量的。"所以我们首先向家长朋友介绍弗洛伊德的观点。

家长朋友可能以为大名鼎鼎的心理学家弗洛伊德的理论离我们普通人是遥远的、是晦涩难懂的，甚至对我们普通人是没有什么用处的。其实不然，通过我们通俗地向家长朋友加以介绍，帮助家长理解弗洛伊德的理论，并且还可以运用他的理论和观点帮助我们分析、认识自己和子女的心理、解除心理困惑，获得心理的健康。

精神分析（有的称心理分析、心理动力学）是临床心理学史上最早的专门的心理治疗方法，在行为治疗方法产生之前的几十年内，它是唯一的心理咨询的方法，至今仍对心理咨询有不可估量的影响。家长朋友们要维护家庭的心理健康，就需要了解精神分析的基本观点，对深入了解您自己和子女的内心世界，有的放矢地进行心理调适，是十分有用的。

在精神分析的基本理论中，与心理卫生有关的内容有哪些呢？主要有以下

三方面：无意识、本我自我和超我、心理防御机制。对此我们向家长朋友加以介绍。

一、精神分析的解读

1. 无意识

弗洛伊德有一个重要的观点就是，他认为无意识的心理活动是一切意识行为的基础。

什么是无意识？

应从何说起呢？听我慢慢向您介绍。精神分析心理学家弗洛伊德认为人的精神生活由两个部分组成，即意识和无意识（也叫潜意识），中间夹着的很小部分为前意识。

人们在清醒状态下，对自己所想、所做的事的动机是清楚的，即自己知道为什么要这么想这么做，这种心理状态就是意识。意识是人们直接感知到的有关心理部分，这一部分在弗洛伊德的理论中不很重要，他认为这仅仅是人的心理活动有限的外显部分。弗洛伊德曾做过这样的比喻，认为心理活动的意识部分好比冰山露在海洋面上的小小的山尖，而无意识则是海洋面下边那看不见的巨大的部分。

弗洛伊德认为无意识是指人们在清醒的意识下面还有潜在的心理活动，它是各种人类社会伦理道德、宗教法律所不能容许的、本能的冲动与欲望，它被压抑到无意识之中了。这些本能的冲动、欲望，被压抑到无意识之中，就老老实实地不活动了吗？不是的，它们并不安分，而是在无意识中积极地活动着，不断地寻找出路，追求满足。

弗洛伊德认为在正常人和心理患者的行为中，都可以看出这种无意识的心理活动。例如，强迫洗濯的患者，无休止地洗手、洗衣服，大大地影响了正常的工作和生活。他们在理性上清楚地知道不必要这么洗，不想去洗。但内心深处究竟为什么非要洗不可呢，他自己也讲不出道理，这个强烈的动机潜伏在无

意识之中。这些东西会以梦、口误、笔误、记忆错误等方式出现。病态的压抑则可能导致心理疾病。

精神分析的实质就在于揭示无意识中的内涵，使患者得到意识的领悟，这样症状随之就会消失。

2．本我、自我和超我

弗洛伊德把人格结构分为本我(id)、自我(ege)和超我(superego)三部分，这是弗洛伊德晚年的学术贡献。"本我"是与生俱来的、潜意识的结构部分，代表生物本能和欲望，受"利比多"（Libido）驱策，按照"快乐原则"行事。这是一种儿童的思想、行为模式，新生儿的人格结构主要是本我。比如，在口唇期（0～1.5岁），婴儿通过口唇的吸吮获得快感。如果满足了他的需要，得到母乳（或其他代替乳）他就快乐。反之，他就不快乐，于是就哭闹。

"自我"是人格的意识结构部分，是在与环境接触过程中由本我发展而来的。一部分是无意识的，一部分是意识的，而主要是意识的；它受"现实原则"支配，防止被压抑在无意识中的东西扰乱意识；它还要在超我的指导下，去驾驭本我的要求。这样看来，自我同时在侍奉三个严厉的主人：超我、本我和现实。

"超我"也称理想自我。超我是在社会化的过程中，将道德规范、社会要求内化为自身的良心、理性，对个体的动机、欲望和行为进行管制。凡是不符合"超我"要求的活动，就会引起良心的不安、内疚甚至罪恶感。

本我、自我、超我三者之间是不是毫不相干的呢？弗洛伊德认为本我、自我、超我之间不是静止的，而是不断地交互作用的。在一个健康的人格中，这三种结构的作用是均衡协调的。他认为如果三者之间不能保持这种动态的平衡，则会导致心理失常。一位处于青春发育期的少年爱上了一位少女（本我），而严格的家庭教育内化为自己的理念：早恋的人是没有出息的，甚至是不道德的（超我），现实的我（自我）便强烈地压抑自己对那位少女的感情，越压抑那份情感越强烈。这位少年就会在痛苦中煎熬。

3. 认识人心——心理防御

家长朋友又会提出问题了，人类为什么会有心理防御机制呢？心理防御机制对人类，特别是我们的子女又有什么用处呢？在下面的内容中，我们向家长朋友加以介绍。

前边说了，"自我"同时侍奉着三个严厉的主人：超我、本我和现实，而且要使它们之间的要求和需要相互协调，"它（自我）感到自己在三个方面被包围了，受到了三种危险的恐吓。如果它难以忍受其压力，就会产生焦虑反应"。这时自我怎么办？焦虑的产生促使自我发展了一种机能，用一定的方式调节冲突，缓和三种危险对自我的威胁——使现实能够允许，超我可以接受，本我又有满足感。这种机能就是心理防御机制。

人类的心理防御机制都有哪些呢？

（1）合理化——"酸葡萄"、"甜柠檬"效应

《伊索寓言》中狐狸吃不到葡萄便说葡萄酸。又如，有的孩子在班长竞选中失利，便说我还不愿意当那个耽误学习时间的班长呢。这种认为自己得不到或者没有的东西，就是不好的心理现象，即叫做"酸葡萄"心理。另一种叫"甜柠檬"心理。具有"甜柠檬"心理的人，认为凡是自己所有的东西都是好的。柠檬本来是酸的，他却认为它是甜的，这样也可以减少得不到时的失望与痛苦。比如，有的子女天资稍差，智力平平，便安慰自己说，"傻人有傻福"；有的人东西被摔坏或被偷了，就说"岁岁（碎碎）平安"、"破财免灾"、"旧的不去，新的不来"。这种知足常乐的心理防御机制，不失为一种帮助人们接受现实的好方法。"酸葡萄"、"甜柠檬"效应是比较典型的合理化现象。

合理化是人们运用得最多的一种心理防御，不承认自己行为的真正动机、需要和欲望，用有利于自己的理由来辩护，以免除内心的不安，从而为自己解脱。例如，有一些子女对自己考试成绩差，不实事求是地分析自己个人的原因，却归咎于教师教得不好或者强调考试的时候环境差等理由，以免除因自身努力不够产生的心理压力。

41

合理化运用得好，可以缓和心理气氛，消除心理紧张，减少攻击性冲动和行为产生。若运用过度，则会降低人们的上进心，妨碍人们去追求更高的标准。

（2）压抑

压抑指把意识所不能接受，为社会伦理道德所不容的，超我所不允许的冲动、欲望，被抑制到无意识之中。它是最基本的一种心理防御机制。虽然自己不能意识到，但被压抑的冲动与欲望并未消失，仍然在无意识中积极地活动，而且可能不知不觉地影响到人们的日常行为，往往产生莫名的症状。例如：一个想逃学的孩子，总是自己制造伤病，结果不能上学，但自己并不能认识到自己的这种想法。又如，一个孩子两年高考失利，第三年高考前突然失明，经检查未发现任何器质性的病变，高考过后又复明了。这表现了这个学生压抑到无意识中的对高考的厌恶和逃避的心理。

（3）投射

把自己不能接受的欲望、感觉或想法投射到别人身上，以免除自我责备的痛苦。比如，一个打架的儿童反而责备对方先动手，他才还击的。又如，笔者临床中的一位女子，因为对丈夫不满，自己有寻求婚外情的念头，但是丈夫对她无微不至地关怀，使她常常为自己寻求婚外情的念头内疚、自责。她把自己不能接受的欲望投射到她的同事身上，说她的同事怕暴露过去的婚外情而自责，而达到自我防御的目的。

（4）内射与仿同

内射，是一种与投射相反的心理防御术，它是将外界的因素吸收到自己的内心，成为自己人格的一部分。比如，有个孩子在墙上乱涂乱画，被父亲批评这是不应该做的，影响了墙壁的美观、整洁，他就不敢再画了。假如此事重复了数次，父亲的批评就渐渐地内射到这个孩子的头脑里，以后即使父亲不在场，他也不在墙上乱涂乱画了。从这个事例看出，父亲的道德、价值观念已经被这个儿童内射到自己的性格中了。"孟母三迁"故事中的孟母不断搬迁，选择好的邻居，期望好邻居的优秀的品行能够变为孟子的品行的做法，就是在

不知不觉中利用了内射的机制。"近朱者赤，近墨者黑"的现象就是内射的结果。

有选择性地吸收、模仿某些特殊的人或事物，我们叫它"仿同"。例如：许多追星族青少年有意识地模仿他们喜欢的歌星或球星的举止行为，这是消极的仿同。一些有上进心的青少年有意识地模仿、学习英雄模范人物、奥运健儿的远大的理想、志向以及英勇、顽强、不屈不挠的意志品质就是积极的仿同。

仿同了正确的态度、行为，对人格成长有益；仿同了错误的态度、行为，对人心理发育不利。充满矛盾的仿同，容易导致多重性格。家长朋友们不难辨别出，为了我们和子女的人格健康成长，我们应该仿同什么。

（5）否认

否认是有意识或无意识地拒绝承认那些使人感到焦虑痛苦的事件，以减轻自己的心理压力。例如拒绝承认亲人的亡故，仍坚持说自己的父亲没有死。又如儿童不慎将花瓶摔破后，知道闯了大祸用双手把眼睛蒙起来，不敢再看已被打破的物品，其情形如同沙漠里的鸵鸟，当被敌人追赶而难以逃脱时，就把头埋进沙里一样。这种"眼不见为净"，即为否认作用的表现。

（6）退行

当人们受到挫折无法对付时，即放弃已经学得的成熟的态度和行为，而使用以往较幼稚的方式来对付挫折的行为叫退行。

随着年龄的增长，一个人的人格是会逐步走向成熟的。因此，人在长大以后对事物的应付方式会变得比较成熟。不过，有时候人们在遭受外部压力和内心冲突不能处理的时候，借此退回到幼稚的行为以获得某种心理满足，这就是退行。例如有一位5岁幼儿，本来已经学会了自行大小便，可是后来又开始尿裤子、尿床了。经了解，这家最近添了一个弟弟，母亲把全部精力都放在弟弟的身上而无暇顾及他，这个男孩发觉自己不能像从前一样获得母亲周到的照顾，就产生了退行行为。又如性变态患者用幼儿性活动方式来获取成人非常态的性的满足，像小儿一样在异性面前裸露生殖器，就是病态退行的例子。

一个成熟的人遇到困难的时候经常退行，使用较幼稚的方法应付困难，或利用退行来获得他人的同情和照顾，以避免面对的现实问题或痛苦，就成了心理问题了。例如，一个中学生在与同学发生矛盾不能解决时，还像幼儿那样躺在地上撒泼，就不正常了。又如，一个人在幼年时遇到困难常有头痛、肚子痛、手脚麻木等症状，且症状一出现既可以不上学或不考试，又可以得到父母特别的照顾，长大以后，遇到不能应付的困难时，就说头痛、肚子痛，以此逃避现实的困难。

（7）固着

心理未完全成熟，停滞在某一发展水平叫固着。一般十五六岁少年期子女的责任心、意志品质的心理发展水平应该能够自觉地完成学习任务，有些少年却还需要接受如儿童学习时的监督，说明他的心理未完全成熟，停滞在儿童的心理发展水平。

（8）转移与移情

转移是指因为某种原因无法将喜爱、憎恶、愤怒等情绪向其对象直接表达与发泄，而转移到其他对象身上。"迁怒"就是该机制的典型实例，通过迁怒可减轻感情上的痛苦。

例如，一位两岁的孩子常常抱着小枕头玩不放手，家长管教也无效。原来这个孩子半岁时其外祖父病重，母亲为了照顾老人，便将他留给父亲抚养。每当该婴儿哭泣时，他的父亲便把一个枕头扔给他让他玩，这孩子就常常把枕头角当成奶头吸吮或玩弄。这是他把对母亲的依恋转移到枕头身上了。

又如：一位学生受到教师的批评，心中很恼怒，但是又不能向教师直接发泄。这时，另外一同学偶然与其开玩笑，他便会将内心的恼怒发泄在这一同学身上。

一对姐妹同时爱上了一位男士。结果是该男士娶了姐姐，并生有一儿一女。后来姐姐不幸病故，该男士便续弦娶了妻妹为妻。婚后妹妹善待男孩，却莫名其妙地常凶恶地打骂女孩。经心理分析，其潜意识里认为姐姐抢走了自己

的恋人，内心愤怒，便不知不觉地把对姐姐的仇恨，发泄到长得酷似姐姐的女孩身上。

另外，恐怖症患者所惧怕的对象大都是正常人不值得恐怖的，原因是在无意识中将真正恐惧的对象置换为不值得怕的对象。

例如：某男青年患上了赤面恐怖症，一年多来见人紧张、脸红、手心出汗，尤其见到陌生人、异性更加恐怖。经心理医生引导，回忆出其真正的恐惧原因是他的手淫习惯。他认为手淫是不道德的，但却克制不住自己，欲罢不能，更怕事情暴露。因此在无意识中，将恐惧暴露手淫转换成恐惧见人。

转移作用在心理治疗过程中经常出现。当事人常常在不知不觉之中，把幼年时对自己比较重要的人物（通常是父母）所表现的关系，转移到心理医生身上，形成了当事人与心理医生的职业关系以外的另一种关系，即为"移情关系"。移情指患者把自己在儿童时期对父母的情绪依恋关系，转移到他人身上，他人成了双亲的替身。

移情可分为正移情和负移情。什么是正移情？当事人对心理医生产生爱慕之情，并且希望从他身上得到爱怜是正移情。笔者在临床中与其他女性心理医生一样常常被当做母亲，并且来访者希望从中得到母亲般的爱怜。负移情是指当事人感到心理医生如同自己的双亲那样不公正、冷酷、可恨，并且对他控诉自己在童年时期所受的不公正待遇。

（9）抵消

以从事某种象征性的活动抵消、抵制一个人的真实的感情。如有的儿童因为碰到桌子使自己的手很疼，便责骂并且抽打桌子来抵消由于疼痛引起的不愉快。

（10）反向作用

把无意识之中不能被接受的欲望、冲动，转化为意识中相反的行为。例如，笔者女儿幼时对邻居一位不苟言笑的叔叔有些恐惧的心理，但她却对该叔叔表现出过分的热情，每当见面时，她便主动与之打招呼。另外，在恐怖

症中，有的患者内心十分希望接近异性，反而表现出恐惧异性，就是该机制的反映。

（11） 幽默

幽默是用有趣、可笑又意味深长的言行既可以避免自己的心理不平衡，又避免使他人不愉快的表达情绪的方式。

例如，古希腊著名哲学家苏格拉底的妻子脾气非常暴躁。一天，当苏格拉底在与一位客人畅谈之时，他的妻子忽然跑进屋来大骂苏格拉底，有修养的苏格拉底并没有还击，他的妻子接着将一桶水倒在苏格拉底头上，全身都淋湿了。面对着尴尬的情景，苏格拉底轻松一笑，对着客人幽默地说："我早就知道'电闪雷鸣'之后，一定会'倾盆大雨'的。"经苏格拉底幽默的话语，就把尴尬的情景解除了。

自嘲是一种高境界的幽默。例如，某人近来常受他人欺负，又因无法反抗而难过，就自我解嘲说："虎落平原被犬欺。"在心理上获得满足，暂时可以减轻自己不愉快的情绪。

一般说来，幽默是一种高尚、成熟的心理防御机制。人格发展较成熟的人，通常懂得在适当的场合使用合适的幽默，适当地表达自己的意图。

（12） 代偿

身体或心理上有缺陷的人可在其他方面力争得到发展，使自卑心理得到代偿，以解除这些缺陷带来的痛苦。所谓"失之东隅，收之桑榆"，便是代偿作用。例如：失明的人经过努力，听觉、触觉可能比一般人更强，可能成长为歌唱家、演奏家或某方面的能工巧匠。

（13） 升华

把为社会、超我所不能接受、不能允许的能量转化为建设性的活动能量。这是一种积极的心理防御机制。如居里夫人将失去丈夫的痛苦，转化成为人类的原子能事业而奋斗。

（14） 利他作用

采取一种行动不仅能满足自己的欲望与冲动，同时又可以帮助他人、有

利于他人，受到社会赞赏的一种心理防御机制。它是一种与升华作用类似的积极的心理防御机制。例如，一位归属需要、交往动机十分强烈的少年期子女，为了有更多的机会与其他同伴在一起，他便经常积极主动地帮助一些同学做事。

家长朋友，请你审视一下自己和你的子女有没有这些表现？有哪些是积极的心理防御？又有哪些是消极的心理防御？要学习、保持积极的心理防御，克服、消除消极的心理防御，使自己和子女的人格健康地发展。

4.恋母情结

家长朋友，您发现一个有趣的现象了吗？就是男孩子和妈妈的关系比较亲密，而女孩子则和自己爸爸的关系更好。这是怎么回事呢？弗洛伊德回答了这个问题。

性欲是弗洛伊德在无意识的本我动机中所列的主要欲求之一。因为在他诊治的大多数病人中，性生活的压抑或畸形乃是造成心理失常的重要原因。

看到这里，您也许会想，怪不得弗洛伊德会遭受那么多人的批评，把什么病都看成是"性"的原因，是不是太淫秽了？但是，我们还是不要忙着批评他老人家，先了解一下他的有关性的含义，再发议论也不迟。

弗洛伊德所说的性的含义是什么呢？他所说的性不仅仅只是以生育为目的的成熟的两性性生活，而且还包括了广泛内容的身体快感，甚至包括心情愉快、工作上的乐趣和爱好，友谊和其他的柔情。他认为人的这种性欲望生来就有，只是每个阶段有不同的心理行为表现，其对象也不尽相同而已。他的关于"性"的认识和仅仅把成熟的性行为看成"性"的认识当然不同，因而被人们批评为"泛性论"。

弗洛伊德认为，在性的后面有一种潜力、动力常驱使人去寻求快感，这种动力称为"利比多"。弗洛伊德认为，性心理的发展过程如果不能顺利进行，停滞在某一发展阶段，即发生固着；或在个体受到挫折后从高级的发展阶段，倒退到某一低级的发展阶段即产生了退行，如：性变态患者用幼儿性活动方式来获取成人不正常的性欲满足，像小儿一样在异性面前裸露生殖

器，就是病态退行的例子。这就可能导致心理的异常，成为各种神经症、精神病产生的根源。

在性心理发展中，弗洛伊德有一个著名观点，即他认为人在幼年时期，对异性双亲的眷恋现象是人类普遍存在的特征之一，他把这种现象称为俄迪浦斯情结（又称恋母情结）。他援引古希腊神话中，俄迪浦斯王"无意识"地杀死了父亲却迎娶了母亲的故事，说明了男孩子都依恋母亲而仇视父亲，而女孩子则相反，喜爱父亲而嫌弃母亲。儿童的这种情感是为社会伦理道德所不容的，因此受到压抑。"情绪"是被压抑的欲望在无意识中的固结，是一种心理创伤。解决这种情绪的方法是儿童在发展中把他自我的一部分视为与双亲一体的部分，形成超我，遵守社会道德规范的要求。但是这个问题若解决不好，人就会焦虑以至形成神经症。

二、精神分析治疗原理——认识无意识的症结

精神分析治疗原理是认识无意识的症结。由于精神分析认为症状都是本我的冲动、欲望与自我冲突的结果，是无意识的症结。精神分析治疗的原理就在于寻找症状背后无意识的动机，使之走进意识的层面。也就是通过分析，使患者认识到它的无意识中的症结，真正了解症状的真实意义——产生意识的领悟，症状便可消失。

因此，治疗的关键也就在于根据精神分析的理论对其致病的原因进行分析，促使患者对内心矛盾的领悟。下面我们列举一些案例，帮助家长朋友理解怎样进行精神分析。

以下几例是运用精神分析治疗原理进行心理治疗的案例，我们向家长作一介绍。

案例1：

她为什么有杀害自己孩子的念头？

来自劳克林的案例。

患者，女性，30岁，几年来有一种冲动念头，要杀死或伤害她自己的孩子，常想要把孩子从窗口扔出去。她很爱她的孩子，但不知这种想法和冲动的原因，为此非常痛苦。这是一名强迫症患者。

在心理治疗中，让患者认真回忆自己的生活经历。她是长女，有弟弟、妹妹各一人。小时候，她必须帮助母亲照顾弟弟妹妹，几乎得不到父母的抚爱和关心，因而痛恨弟妹。她曾幻想如果没有他们该多好；也有害死他们的念头，并为此产生过自罪感和焦虑。这些幻想和仇恨的感情都被压抑到无意识之中。成年后，她很爱自己的弟妹。她不承认也不能忍受曾有过对弟弟、妹妹的恶念，但早期的恶念并没有消失。利用转换机制，她用自己的孩子转换成弟弟、妹妹，把仇恨发泄到孩子身上，成为当前强迫性冲动症状。

患者赞同医生的解释，理解了早年有过的仇恨感情和现时症状之间的关系，强迫症状即逐渐减轻以至消失。

案例2：

他为什么见人脸红？

某男青年，随父母在荒凉的石油基地长大。一年多以来见人紧张、脸红、手心出汗，尤其是见到陌生人、异性感到特别的恐惧。经诊断，他患了赤面恐惧症。

治疗者鼓励他回忆认为与该症状有关的生活经历。他不断责备自己的手淫习惯，其他的却回忆不起来。经心理医师的多次启发，他朦胧回忆起几乎被遗忘的一件往事：几年前，一次他同父母去姑母家做客，因吃饭时喝了酒，便昏沉沉地回卧室休息，随手拿起一本杂志看。其中有男欢女爱的描写，他产生了强烈的性冲动，便手淫了。当他在"腾云驾雾"中，沉浸在享受性欲望的满足时，有人推门进来，朦胧之中，他从脚步声推断来人是姑母。

这案例中的患者主要是因性心理发展过程中的障碍从而导致他患赤面恐惧症。

第一，这个男孩幼年时随父母在荒凉的石油基地生活，封闭的生活环境使

他很少有与人特别是异性接触的机会；当他进入青春期，性腺成熟，有了成熟的性欲和自觉的性意识以后，在姑母家，受那本杂志中有关性内容的刺激，诱发了他的手淫行为，满足了他的性冲动。但是传统的道德规范——手淫是不道德的、羞耻的、罪恶的想法，内化为他意识中强烈的自罪感。正是这种自罪感，造成了他的见人紧张、脸红等症状——通过逃避他人来隐匿自罪感。

第二，根据弗洛伊德的理论，性不仅仅只是以生育为目的的成熟的两性性生活，而且还包括了广泛内容的身体快感。人的这种性欲望生来就有，只不过被压抑到人的无意识中，但是无意识仍然在活动。这位青年通过手淫来满足自己的性欲望，但传统的伦理道德规范认为手淫是不道德的，这已经内化到这位男孩的内心世界里。这种道德规范约束着他的行为，但是自我的力量又不够强大，因此，在生理的性冲动和自我约束之间就形成了心理冲突。随着时间的推移，这一事件的记忆渐渐在意识中淡忘，被压抑到潜意识中。但它并不会消失，反而会在潜意识中积极地活动。压抑是一种最重要的心理防御机制，其本质就是掩盖，掩盖的结果是暴露。这个男孩见人紧张、脸红、恐惧，这正暴露了他内心强烈想见人的动机和愿望。

第三，当他在姑母家从杂志中看到了有关性的描写，并产生了性冲动的时候，恰巧姑母进来。他意识中有一个先入为主的想法——手淫是件"不光彩"的事情，他的这种"坏"行为违反了社会道德规范，认为自己是"坏"孩子。这使他产生了强烈的羞耻感，同时也背上了沉重的精神负担。他主观上一方面怕姑母看见，另一方面，他更怕姑母看见后告诉他的父母，甚至更多的人。人们都会认为"他是个坏孩子"。这种心态使他随时都做好了被别人指责的心理准备。这就直接导致了他再与人接触时紧张、脸红。

通过精神分析，该青年患赤面恐惧症的原因是：由于他具有很强的内化、压抑等心理防御机制，驱使他不断地将自己本能的性欲望、性冲动压抑进无意识中加以掩盖，但掩盖导致了更大的暴露——他见人脸红、恐惧。

◎ 行为主义理论——人是刺激的反应者

说到行为主义，家长会感觉很生疏，这主义那主义的，与我们家庭有什么关系呢？其实我们不少家长的一些观点、一些做法都在实践着行为主义的理论。家长会问："是吗？我们自己怎么不知道？"那么我们给您举个实例，当您的子女获得了好的学习成绩，您有没有给过他奖励，小时候，给他一面小红旗或者小五星？再大一点，给他买一本他喜欢的书或者一件新衣服、一双新鞋？当他犯错误时，您剥夺了他的看电视的权利？

一、行为主义理论解读

行为主义理论的一个基本公式就是 S-R，简单说，S 代表刺激，R 代表反应，就是有什么刺激就有什么反应。我们家长的"刺激"是小红旗、小五星、书、衣服、鞋子，"反应"是家长期望下次有好的学习成绩。如果您曾经这样做了，那您不知不觉中运用了行为主义的一些做法。

那么，生理学家、心理学家又是怎么得到这个理论的呢？下面以把狗"教"成神经症为例向您作一介绍。

俄国著名生理学家巴甫洛夫(Z. P. Pavlov)在他的实验室研究狗的消化过程，无意中发现了应答性的条件反射作用，竟然把狗"教"出了神经症。神经症也是能"教"出来的？家长朋友们可能不太相信，但这是真的。他是怎么"教"出来的呢？听我慢慢告诉你。

他通过条件反射的原理去训练狗，把狗训练得能够做到每当看见椭圆图形的时候就流口水，看到圆形时不流口水。然后把椭圆图形逐渐变圆形，狗就再也不能辨别椭圆形(该流口水)和圆形(不该流口水)的时候，也就是狗无所适从的时候，竟会出现精神紊乱、狂吠、哀鸣，并咬坏仪器等神经症的症状。就这

51

样，巴甫洛夫就把狗"教"成了神经症了。

其他实验研究也表明，许多伴有强烈的情感和情绪反射，比如抑制不住地发脾气，内脏的反应等等都可以理解为是习得（通过学习获得）的条件反应。有一些行为治疗家提出许多人类的适应不良行为都是习得的。

美国著名的心理学家、行为主义理论创始人华生(J.B. Watson)在20世纪20年代做过一个实验。一位名叫阿尔伯特的幼儿原来很喜欢动物，但是当小阿尔伯特与小白鼠在一起玩时，在他的背后敲锣并发出声响，引起幼儿的恐惧。这样做了好几次以后，就在小白鼠与巨响之间建立了条件反射。于是，当动物出现时，幼儿就表现了恐惧、哭闹、不安的情绪反应。并且儿童泛化到见到其他带毛动物也会产生恐惧的情绪。这个实验说明了什么呢？说明儿童对小白鼠的恐惧不安的情绪是习得的。

所以心理学家华生认为，我们无论成为什么人，都是后天学习的结果。而且他认为人类习得的不良的行为，也可以通过学习而设法消除掉。他有一句著名的话，他夸口说：你给我一打健康的婴儿，并在我设置的特定环境中教育他们，那么任意挑选其中一名婴儿，不管他们的才能、嗜好、性格和神经类型等种种因素如何，我都可以把他们训练成我所选定的任何专家、医生、艺术家、商人乃至乞丐和小偷。

二、行为疗法

行为疗法的技术有许多种，对帮助家长维护子女的心理健康，矫正子女不良的行为习惯有很强的实用价值，在《做子女的心理医生》一书中有详细的介绍。家长可以参照那本书进一步了解行为疗法的具体技术，并将其恰当地应用于矫正自己子女不良的行为习惯，进而提高子女的心理健康水平。

◎ 人本主义理论——人人都是自己心灵的建筑师

　　家长朋友，您听说过人本主义心理学吗？人本主义心理学课程在美国大学校园里可受欢迎了，是大学生最喜欢的课程之一。您想了解人本主义心理学是怎么回事，它对您的子女的成长有什么意义吗？我想当我把它介绍给您以后，您也一定喜欢它。

一、人本主义理论解读

　　人本主义心理学研究的是认识人的成长和变化的能力，即人的成长潜力。人本主义心理学家谴责了传统行为主义和精神分析的心理学。它们认为行为主义把人看做机器，看做外部刺激的消极反应者；而精神分析只集中注意人性中疾病或残废的一面，把人看做生理力量和童年冲突的受害者。人本主义心理学关心的不是人性的疾病方面（心理疾病），而是人性的健康方面（心理的"健康"）。他们认为研究心理学的目的不仅仅是去医治神经病和精神病患者，而是要打开并且释放人的巨大潜能，以便实现和完善我们的能力，并发现人生更深刻的意义。人本主义心理学对人性采取乐观主义和充满希望的看法，认为人是能够而且必须超越其生物本性和环境特征的，相信人自身中有扩展、丰富、发展和完善自我的潜能，而这些潜能又皆能实现，成为健康的人格。

　　人本主义心理学家们虽然提出了各自不同的健康人格的模式，但是它们还有共同的地方，这些共同点是什么呢？

1. 人有无限成长的潜能

　　著名人本主义心理学家罗杰斯认为任何人都有着积极向上的、无限成长的潜力。他认为有机体都有一种天生的基本趋势，就是要以各种方式去发挥它的

潜在能力，来推动自己的成长。比如幼儿学习走步，在正常情况下，小孩子不论跌倒多少次，最后他们总是可以学会独自走路的，心理的成长也是如此。在合理、良好的环境中，一个人总是能靠这种天生的力量由小到大发育成熟，成为一个健全的、机能完善的人。在人的成长中，不利的环境条件，才使人的这种发展受到歪曲和阻碍，形成冲突，人就会感到适应困难，表现为各种乖僻古怪的行为。如果能提供适当的条件，这些能量就可以被激发出来。

马斯洛研究了世界上最优秀的人们，得出结论：心理成长和健康的潜能是生来就有的，我们的潜能能否实现，决定于个体和社会力量，这些力量既能促使我们自我实现，也能阻止自我实现。

2. 健康人的人格

他们每个人都从不同角度指出，我们的潜能比我们现在实际表现出来的能力要更多、更好，而且认为心理健康比任何没有神经病或精神病要重要得多。

奥尔波特是第一个研究成熟的、正常的成人，而不是研究神经症患者的心理学家。

马斯洛也是研究健康人的人格的，他研究的重要目标是认清人类究竟有多少适合于充分发展的潜能。他认为研究心理健康只能研究特别健康的那种人才有意义。过去人们一提到心理健康就马上想到弗洛伊德，而马斯洛却敢于批判了弗洛伊德等人，说他们只研究那些心理不成熟的、不健康的人，那样只能看到人性的病态的一面。他认为只有研究最健康的人格，我们才能发现，我们的能力究竟能发展到何种程度。

他有幸获得特许了解最优秀的人——韦特海默和本尼迪克特时，他抓住一切机会与他们生活在一起，观察他们，发现了他们与其他人不同的特征。后来他又选择了活着的、已故的有卓越人格的49人。历史人物包括杰斐逊、林肯、斯宾诺沙、爱因斯坦、罗斯福、歌德等人。马斯洛把他们称之为自我实现的人，并且总结出他们的共同特点，以作为我们普通人效仿的榜样，这些特点

是：①有效的知觉现实；②全面接受自然、别人和自己；③自发、单纯、自然；④责任感和自我献身精神；⑤独处和独立的需要；⑥自主的活动；⑦不断更新的鉴赏力；⑧神秘或高峰的体验；⑨对所有人的爱的情谊；⑩人际关系的融洽；⑪民主的性格；⑫手段和目的、善与恶之间的辨别力；⑬非敌意的幽默感；⑭创造性；⑮抵制文化适应。

马斯洛清楚地认识到，在现实社会中，虽然只是极少数人达到了自我实现的境地，然而对于多数人达到人性理想境界仍保持乐观的态度。他确切地认为人所拥有的潜能比他们已经实现的要多得多，如果能够释放出这种潜能，我们完全能够达到自我实现者们表现的理想境界。

3. 健康人的动机

奥尔波特认为成熟的人、心理健康人的动机是指向未来的——希望、理想、志向。奥尔波特说："拥有长远目标，对于我们个人的存在来说，被看做是主要的。""正是它，把人从动物中区分出来，把成人和儿童区别开来，而且在许多情况下，也把健康人格和病态人格辨别开来。"这种观点认为，成熟的人追求希望、志向、理想，其个体追求的是生活的紧张、充实，而并非追求轻松、安逸。奥尔波特还认为，人的精力必须找到出路加以释放，如果某些青少年缺乏有意义的建设性的目标，他们就会用破坏行为、犯罪和对抗来释放他们的精力。所以家长朋友，对于您的子女来说，树立正确的理想、志向是多么的重要啊！

奥尔波特认为心理健康的人具有积极的建设性的动机，这种人积极地追求目标、希望和理想，他们的生活是有目的的，并且有献身精神和义务感。他们对目标的追求永无止境，如果旧的目标被抛弃，另一新的动机必定会迅速形成。他认为心理健康的人是面向未来的。

马斯洛在自我实现人的研究中，发现策动心理健康者行动的动机不是一般人的缺失性动机——因为缺少什么东西，而促使人们通过自己的行动去获取的动机。他把自我实现人的动机叫做超动机。马洛斯说："最高级的动机是不促

动的和非力求的。"也就是说自我实现的人并不力求什么，而是求得发展。心理健康的人——自我实现者有更高级的需要：实现他们的潜能和认识并理解他们周围的世界，在这种超动机的情况下，他们没有获得特定目标的对象，这些人不是力求弥补他们欠缺的东西，减少心理紧张。他的目标是扩大和丰富自己的生活经验，在现有的生活上增进快乐和欣喜，他们的理想是通过新的挑战性的各种各样的经历增加紧张。

总而言之，自我实现者没有通常意义上的动机——缺失性动机，然而他们有成为完美的人性、实现他们全部潜能的"超动机"。这个动机是"特性的成长，特性的表现、成熟和发展。总之一句话：是自我实现。"他们处在一种自发地、自然地、愉快地表现他们完美人性存在的状态中。马斯洛称其为存在价值，其本身就是目的，而不是达到其他目的的手段。

如果在满足或获得这些状态上失败、受挫也是有害的，将出现超病理状态（见下表）。这种由成长需要受挫而引起的疾病，其体验不如其他疾病那样清晰，我们可以在一定程度上意识到某种东西是不健全的，但不清楚缺的是什么，它是一种无形的不适，感觉孤独、无助、没意思、消沉、绝望。

马斯洛的超需要和超病理状态

存在价值	超病理状态
真理	不相信，玩世不恭，怀疑论
善	憎恨、厌恶，只信赖自我和只为自我
美	庸俗，烦躁，丧失情趣，凄凉
统一性，完整性	分裂
超越两分法	黑、白思维，非此即彼思维，过分简单的人生观
活力，进程	死气沉沉，机械的生活，感觉自己已完全决定了，生活的情绪和兴趣丧失，体验的空虚

（续表）

存在价值	超病理状态
独特性	丧失自我感和个性感，感觉自己是可互换的或无个性特征的
改善	绝望，无事可做
必然性	混乱，无预见性
完满，结束	不完满，绝望，停止努力和竞争
公正	愤怒，玩世不恭，怀疑，无法无天，完全自私
正常状态	不安定，警惕，丧失安全感和可预见性，需要警戒
单一性	过分复杂，混乱，迷惑，丧失方向
丰富性，完全性，综合性	沮丧，心神不安，丧失人世生活的兴趣
不费力性	劳累，过度紧张，笨拙，不熟练，不灵活
幽默	冷酷，抑郁，偏执狂，一本正经，丧失生活兴趣，缺乏欢乐
自给自足	责任推给别人
富有主义	无意思，失望，生活的无意义

　　超病理状态体现着完美人性成长和发展受挫，它们的存在阻止我们今后完全地表现、利用和实现潜能。有超病理状态的人已经有爱和归属感，感受到了安全，也有自尊感，但不是健康的人格，没有像健康人那样根据更高的动机进行工作。我们已经看到了马斯洛观点中健康人格的超动机，有必要考察健康人格独特的特征。

　　在弗兰克看来，我们生活的主要动机不是探索自我，而是探索生活的意义，献身于工作。在一定意义上讲，有"忘掉"自我的意思，已超出了自我中心，所以他将这种人称为超越自我的人。

　　在弗兰克的人格动机体系中，起支配地位的动机是意义意志，他认为生活是富于挑战的，心理健康的人勇于对生活意义进行探索，他认为我们越能超越自己，把自己献给一种事业，就越能成为完美的人——这就是健康人格发展的

最终目标。

他认为对生活意义的探索，会增加而不是降低内心的紧张程度。弗兰克把这种紧张的增加看成是心理健康的先决条件。如果生活缺乏了紧张，缺少了意义，注定要走向意向性神经症。在已经达到或完成的任务、目标和应该达到的或完成的任务、目标之间保留着一定程度的紧张，在我们是什么样和应该是什么样之间保留着距离，这个距离就是健康人永远追求的目标，这个目标为我们的生活提供意义。不断完成的新目的的挑战给生活提供了兴趣和刺激，我们的生活会丰富、充实，我们也会感觉到心理愉悦和幸福。但是如果我们放弃了对生活意义的探索，就会失去了生活的目标，我们就会感觉到生活的空虚和厌烦。

二、人本主义心理卫生和心理治疗的理论和方法

他们说这样的心理学真"解渴"。他们主动地联系自己的成长经历，认真地感悟其精神实质，进一步激励自己成长。

罗杰斯（Royers）在心理治疗实践中总结出自己的经验，提出当事人中心疗法。他于1942年出版了《咨询与心理治疗》一书，提出了自己新的心理治疗观，1951年他又出版了《患者中心治疗》一书，为当事人中心治疗奠定了理论基础。

他认为自己的工作"基本上是一种思想观点，即个体内部蕴涵着大量的能量，它完全可以改变人的生活。并且，如果能提供适当的条件，这些能量可以被激发出来"。（Rogers, 1973）而且当事人中心的体系也远非简单的心理治疗方法。"它是一种观点，一种哲学，一种生活的方式，一种存在的方式，它适合于任何情境，只要这一情境的目的是促进某个人、团体或社会的发展。"（Rogers, 1980）因此近年来，罗杰斯的当事人中心的思想影响远远超出心理治疗的范围，已发展为以学生为中心的教育和以当事人为中心（Person-centered）解决各种社会问题的指导原则。其传播的广泛和迅速正像20世纪初

期精神分析的传播一样，遍及世界各地，如美国、英国、法国、德国、西班牙、比利时、荷兰、挪威、澳大利亚、新西兰和日本等国家。家长朋友，在我们对子女进行心理健康教育的过程中，可以应用罗杰斯的观点来启发孩子。

弗兰克的意义疗法强调人的生活意义的重要性，以及帮助那些缺乏生活意义者寻找生活意义，他认为心理健康者勇于对富于挑战的生活意义进行探索，他认为我们越能超越自己，把自己献给一种事业，就越能成为完美的人。这就是健康人格发展的最终目标。

弗兰克提出的意义疗法是他特殊的艰难经历的深刻体验。作为医学博士的弗兰克，是纳粹杀人世界——奥斯维辛集中营极少数几个幸存者之一。弗兰克这个医学博士，原来是维也纳罗斯儿童医院神经病科主任，不幸成了奥斯维辛集中营的一名囚徒，从1942年至1945年的工作是精疲力竭地挖掘地沟和隧道，或者铺设铁道，经常在寒冷的冬季只有极单薄的衣服御寒。这时他除了"赤裸裸的生命之外，已经没有任何东西能丧失了"，只有"服从生活的命令"。弗兰克在可怕的痛苦、寒冷、饥饿、恐怖之中，强迫自己去思考问题时，他的头脑中突然产生了美好的表象——他自己在漂亮的演讲厅里报告集中营心理学。这种对未来生活的憧憬，使他的情绪一下子高涨起来了，摆脱了当时的痛苦和绝望。

弗兰克从集中营回国时有了这样的认识：人在任何情况下，都有选择他们行动的能力。弗兰克援引尼采的观点：懂得为什么活着的人，无论什么样的生活他都能忍受。他认为，在一切情况下包括痛苦和死亡在内，都能够发现生活的意义。战争结束后，他重新工作，创设了意义疗法。

弗兰克把缺乏生活意义的状态称之为意向性神经症，患这种病的人的生活状态是缺失意义、缺失目的、缺乏目标的，这种人生活在空虚状态之中。弗兰克这样描写他的俘虏伙伴："灾难使他在生活中也看不出生活的意义，没有了目标，没有了目的，故而也就没有了坚持下去的意义，不久他就死去了。

弗兰克认为任何情境都有意义，问题在于我们怎样发现这种意义。弗兰克论述了三种向生活提供意义的方式：对世界提供某种创造物的方式，从世界中吸取经验的方式，以及对痛苦采取态度的方式。与向生活提供意义的方式相对应，也有三种最基本的价值体系：创造的价值、体验的价值、态度的价值。创造的价值实现在创造性活动和生产活动中，通过创造有形的产品活动、无形的思想活动或提供其他东西的活动向生活提供了意义。创造的价值专注于向世界给予。体验的价值专注于从世界索取。通过使自己沉溺于自然世界和人文世界的美好事物表现出来。音乐爱好者倾听交响乐进入陶醉的状态，体验了有价值的生活。当我们无力改变或回避现实时，唯一正确的方式是认可：接受命运，忍受痛苦，保持尊严。

弗兰克为我们描述了一幅人性的乐观主义图景，另外他提出我们这个时代特有的具有普遍意义的问题，即人生活的意义、目的。人要思考人为什么活着，要有生活目标。人只要找到生活的目标，并且为这目标去工作，人就能获得健康的人格，这就是人类对自己的责任心。这与宿命论的人生观大相径庭，对人类自己是有责任心的，是一种积极的人生观。

皮尔斯提出了格式塔疗法。他认为我们的行为是被未完成状态或不完全的格式塔驱使的，格式塔疗法的理论基于格式塔心理学。"格式塔"是一个德文词，可以译为形式、形状或构造，它含有整体或者完满的意思。格式塔心理学认为，我们的知觉是按照有组织的整体或形式进行的。这和弗洛伊德的动机理论完全不同，弗洛伊德认为我们是被各种本能驱动的。

皮尔斯认为心理健康的人应该把此时此地看成是我们具有的唯一现实，应该是对自己的生活负起责任，用自我支持替代环境支持，人要自立，我们不要为了别人而扮演角色，必须以真正反映我们内部本性的方式行动，使潜能发挥出来，这就达到了皮尔斯的高度心理健康的人，这个任务是人格发展的最终目标。他反对追溯的性格——凡事总回忆过去，这种性格会使我们对生活中某时期过分伤感，或责备父母、他人，皮尔斯认为这是灾难性的错误。他也反对预期的性格，如果我们对未来的想象和期望没有实现的话，可能为自己的命运责备他人，责怪环境或坏运气。

（李百珍）

呵 / 护 / 孩 / 子 / 的 / 心 / 灵

呵护幼儿的心灵

◎ 幼儿身心发展特征

一、幼儿生理发展特征

1. 机体发育尚不成熟

幼儿时期（3～7岁）身体发育速度较3岁前有所减慢，但与后期发展相比还是非常迅速的。身高每年增4～7厘米，体重每年约增加4千克。新陈代谢旺盛，但幼儿机体各部分的机能发育还不够成熟，对外界环境的适应能力以及对疾病的抵抗能力都较差。

例如，幼儿骨骼的硬度小，弹性大，可塑性强。如果长期姿势不正或受外伤会引起骨骼变形或骨折；幼儿肌肉力量差，容易疲劳和损伤，肌肉群的发育不平衡，大肌肉群先发育，小肌肉群还未发育完善，表现为手脚动作比较笨拙，特别是手，还难以完成精细的动作；幼儿心肺体积相对比成人大，心脏收缩力差，脉搏每分钟90～110次。

家长应注意不要让幼儿长时间连续地跳跃、跑步，以免心脏负担过重，影响发育；幼儿肺的弹性较差，气体的交换量较小，所以呼吸频率较快。家长要

注意培养幼儿用鼻子呼吸的习惯，以预防感冒及肺炎的发生；幼儿的血液含量相对比成人多，但血液中水分较多，凝血物质少，出血时血液凝固较慢；幼儿新陈代谢快，血色素为13～14克。低于13克即为贫血，应及时治疗。幼儿嗜中性白细胞较少，淋巴细胞较多，所以容易感染各种传染病，家长应注意增强孩子体质，提高其抵抗力；幼儿的听觉和嗅觉敏锐，但外耳道比较狭窄，3岁时外耳道壁还未完全骨化和愈合，幼儿的咽鼓管即鼻咽腔与鼓室之间的通道较成人粗短，呈水平位，易患中耳炎，故家长应注意孩子的耳鼻卫生，严防水进入耳内；幼儿膀胱肌肉层较薄，弹性较差，贮尿机能相对差，加之幼儿神经系统对排尿过程的调节作用差，所以，幼儿排尿次数较多，自控能力较弱。家长应注意从小培养孩子良好的排尿习惯，以防在精神极度兴奋或疲劳时发生遗尿现象。女孩的尿道口经尿道入膀胱的距离短且直，容易感染。家长要注意其外阴部清洁；幼儿皮肤柔嫩，容易损伤或感染，调节功能不如成人，不能适应外界温度的骤然变化，容易着凉或受热，家长要注意提醒和帮助孩子随气候变化及时增减衣服。

2. 大脑皮层细胞新陈代谢最旺盛

人体是由许多器官、系统组成的，每个器官、系统都有其独特的功能，它们都是直接或间接地在神经系统的调节控制下体现自己的功能的，神经系统对机体的一切活动起着主导作用。

人的神经系统由周围神经系统和中枢神经系统两大部分组成。中枢神经系统包括脑和脊髓，大脑是中枢神经的最高部位。人类的大脑，无论在结构和机能上，都与动物有着本质的区别。人脑不仅是人的机体活动的主导者，而且是思维活动的器官。人的发育是从出生到少年期先快后慢地进行的。反映脑发育进程之一的大脑重量，新生儿有390克，1周岁时900克左右，3周岁时约1000克，7岁时1280克左右，已基本接近成人脑的重量（成人脑组织平均为1400克）。在脑皮层的机能是有区域分工的，如：有运动中枢区、躯体感觉中枢

区、视觉中枢区、听觉中枢区等。从大脑各区成熟的程度看，到幼儿末期，大脑皮质各区都已接近成人水平。这些部位如受损伤，人就要丧失相应的生理机能。但是大脑皮层的分区机能又是相对的，即某一部分如果损坏造成机能缺失，在一定条件下，别的部位会发展出这些本来不具有的机能去代偿。脑的这种代偿机能，年龄越小机能就越大。

幼儿心理发展、智力的形成是从神经系统开始的，特别是以大脑的发展为物质基础的。幼儿期是人脑迅速生长且基本成熟的时期，它保证了幼儿心理智力活动迅速发展的可能性，是对儿童进行早期教育的重要时期。

杰出的苏联教育家马卡连柯曾指出："教育的基础主要是在5岁以前奠定的……在这之后，教育还要继续进行，人进一步成长、开花、结果，而你精心培植的花朵在5岁以前就已绽蕾。"

二、幼儿心理发展特征

心理现象是人人都有、人人都熟悉的。比如：我们在家庭教育活动中，每天"看到"孩子举止行为的种种表现，"听着"他的欢声笑语，"思考"着家庭教育中所碰到的种种问题，也"想象"着孩子长大后的状况，常常为孩子的良好品德行为而"愉快"，为孩子不好的行为举止而"气愤"，经常"考虑"甚至制定教育行动的决心和计划，并克服困难，持之以恒，等等，所有这些都是人的心理现象。它包括感觉、知觉、记忆、思维、情感、意志、气质、性格、能力等，前面所说的"看到"、"听到"、"思考"是人的认识过程；"愉快"、"气愤"是人的情感过程；"决心"是人的意志过程的表现。人在处理事务的过程中，不但有各种心理活动过程，而且每个人都有不同的心理反应特点，这就构成了个性心理特征。它主要表现为每个人的气质、性格、能力以及兴趣、爱好等的不同。

人的心理发展是有其客观规律的，先天遗传和生理发展是人的心理发展

的物质前提，而后天的环境和教育则是人心理发展的关键。没有好嗓子成不了歌唱家，而有了好嗓子没有适合其发展的环境、教育，也成不了歌唱家。先天素质并不突出但却得到了好的环境、教育，反而成才的大有人在。所以说，先天遗传只为孩子身心发展提供了生物基础，而后天环境的优劣，对个体成长有着决定性的影响，其中教育则起主导作用。环境、教育对孩子施加影响的过程也就是孩子社会化的过程。

1. 认识活动无意性占优势

在正常的生活环境和教育条件下，幼儿期孩子心理发展的主要特点是：幼儿认识活动是无意性占优势，所谓无意性是指没有预定目的，不需要意志努力，自然而然进行的注意、记忆、想象等心理活动。在心理学中称为无意注意、无意记忆、无意想象等。幼儿认识活动发展的趋势是从无意性向有意性过渡的。所谓有意性，是指有目的的、需要经过意志努力的心理活动。

幼儿的注意是不稳定、不持久的。幼儿对于新颖的、鲜艳的、强烈的、活动的、多变的、具体形象的以及能够引起他们兴趣和需要的对象，才集中注意力，但又很容易受更加强烈的新异刺激物的影响而转移。心理学实验告诉我们，在较好的教育环境下，3岁幼儿的注意力可连续集中3～5分钟，4岁幼儿可集中10分钟左右，5～6岁幼儿可以集中15分钟左右。如果活动方式适宜、教育得法，6岁幼儿可以保持20分钟的稳定注意。当然，注意力的集中时间不是一成不变的，常受个性、兴趣、智力水平的影响。兴趣浓厚、情感深沉、善于思考的幼儿，注意力易于集中且稳定。

俄国教育家乌申斯基曾说过："注意是学习的门户，注意就是那扇门，一切由外部世界进入人的灵魂的东西都通过这扇门……"注意是幼儿认识的开始，幼儿在游戏、学习和劳动中，不论感知物体、回忆往事、思考问题，注意都起着引导和组织的作用。"视而不见，听而不闻"，认识就不能很好地进行，更不可能深刻。就像照相，不把镜头对准物体，调好光圈、焦距再拍照，就得不到清晰的影像。所以，只有注意力集中，才能在大脑皮质留下

深刻的痕迹，记忆才会牢固。

对幼儿进行的观察和实验都发现，幼儿智力与他们注意的发展有很大关系，注意力集中、稳定的孩子，掌握知识的速度快，而且记得牢，智力发展比较好。注意力不集中、不稳定的孩子则相反。超常儿童共同的特点之一就是注意力集中，不受干扰。

注意是幼儿认识和掌握客观事物的先决条件，它直接关系到幼儿入学后学业成绩的好坏。为此，家长必须十分重视幼儿注意的培养和发展。

幼儿以无意记忆为主，形象记忆占主要地位。幼儿初期，凡是鲜明的、生动有趣的、能吸引幼儿注意的、能引起其情绪反应的物体，或者经过多次重复的事物都能使幼儿自然而然地不费力地牢记住，例如幼儿对有意思的游戏和玩具、生动的故事等都可以记得很清楚，对去幼儿园的道路由于多次重复，也能自然地记住。这些都是无意记忆、形象记忆的表现，也是幼儿记忆的主要形式。

而5～6岁幼儿记忆的有意性则有了明显的发展，这是儿童记忆发展过程的一个重要质变。这时幼儿不仅能努力去识记和回忆所需要的材料，而且还能运用一定的方法帮助自己加强记忆。而一切系统的科学知识、技能技巧的掌握都需要有意记忆。否则，只靠无意识记，所获得的知识只能是零碎的、片断的。因此家长必须重视孩子有意识记的培养。

幼儿记忆的另一特点是以形象记忆为主，词语记忆不断发展。他们对直观、形象材料的识记要比对抽象的原理和词的材料的识记容易；而在词的材料中，生动形象化的描述又比抽象的概念容易识记。但总的来说，5～6岁幼儿词语记忆的发展大于形象记忆。

记忆是人生存和发展的必要条件，如果没有记忆，人的思维将永远处于新生儿状态。有了记忆，人们才能积累经验、扩大经验、储存知识、进行各种实践活动。记忆是世界上最有效的电子计算机，家长应重视培养和发展幼儿的记忆能力，为其一生的成长奠定基础。

　　幼儿无意想象占优势，想象具有复制性和模仿性。幼儿初期想象的产生，往往是由外界刺激物直接引起的，幼儿的想象常常没有主题，没有预定目的。如：3～4岁幼儿玩积木时，究竟要搭什么？事先不会进行想象，只是在摆弄的过程中看它像什么就是什么。一个3岁多的幼儿玩剪纸，七剪八剪，剪成了一个个图样，问他剪的是什么？他先说："不知道。"然后又看看自己剪的图样说："这是小熊和飞机。"第二天，再请他剪一个和昨天一样的小熊和飞机，他却怎么也剪不出来了。这个事实说明了幼儿的想象事先是没有明确目的的，而是受外界刺激直接引起的。所以他们想象的主题容易变化，不能按一定的目的坚持下去。幼儿在游戏中把椅子当火车开，但是，一会儿又把椅子当舞台让小动物玩具在上面表演。例如：幼儿正在画一棵小树，刚画了一半又改画房子了，而且是画了一样又加一样，直到把画面填满为止。听故事时，一边听一边想，感到极大的满足，故事讲完了，还要求再讲，可以不厌其烦地重复听。这表明幼儿的想象往往没有预定的目的，只是以想象过程为满足。

　　幼儿初期想象具有特殊的夸大性。常常喜欢夸大事物的某些特征或情节，以及印象中特别深刻的部分。例如，幼儿画人常常是头特别大，若是戴眼镜的会画上一副大大的眼镜。有的幼儿在争论中为了证明自己比别人强，也会过分地夸大想象，如，毛毛说："我要长得比爸爸还高。"亮亮马上会说："我要长得比长颈鹿还高。"明明则会说："我要长得比天还高。"

　　幼儿初期想象容易跟现实混淆，还不能把想象的事物和现实中的事物清楚地区别开来，有时把想象当现实，把自己臆想的事物、渴望的事物当做真实的，并且以肯定的形式进行叙述，告诉别人，分不清什么是想象的，什么是真实的。例如，一个3岁多的幼儿听到他爸爸介绍了出差广州的情况，他也很想去广州玩一玩。星期一去幼儿园，老师问他："星期天去哪儿了，玩得好吗？"他回答说："去广州了，玩得真高兴。"

这正是幼儿想象发展的特点，家长绝不能误认为孩子在说谎，而应帮助孩子从混淆中分清想象与现实。

幼儿想象具有复制性和模仿性。表现为幼儿在游戏中所扮演的角色的言行举止都酷似他们最熟悉、最贴近的人，演妈妈像他自己的妈妈，演老师像他自己的老师，这就告诫家长，要特别注意树立自己的良好形象。

幼儿中后期，有意想象开始发展，不但想象内容更加丰富，而且想象过程也具有更大的目的性和独立性。例如，编故事时，幼儿已有可能围绕一个主题运用已学过和掌握的知识经验与词汇，首尾连贯，合情合理地编出故事来了。

总之，在幼儿期，幼儿认识活动的无意性占优势，而有意性正在形成。因此，家长在教育培养幼儿时，要充分利用其无意性来发展其有意性。也就是说，家长要有目的地把教育内容设计得生动、形象、新颖、奇特、方法多样，以此来吸引孩子的注意力，引起孩子的直接兴趣和学习的要求，然后，在此基础上逐渐说出明确的目的、要求、任务，以发展其有意注意、有意记忆和有意想象。

2. 感知运动思维

幼儿的思维活动是感知运动思维。就是说，思维过程离不开直接的感知和动作，幼儿只有在看到、拿到、听到具体物体时，才能进行思维。如，看到水就要玩水，看到别人玩球又要玩球。同时他们是一边玩一边想，如果不玩了，也就不想了，即一旦动作停止，对该动作的思维也就停止了。到3岁以后，幼儿的思维就能依靠自己头脑中的表象和具体事物的联想来进行了，已经能够摆脱具体行动，运用那些曾经看见过的、听到过的事情和故事来思考问题。例如，谈到"花"，他就想到了自己家的那盆花，谈到"教师"他就想到了自己班的老师，谈到了吃东西要谦让，他就想到了"孔融让梨"的故事等。

幼儿思维的发展趋势是从具体形象思维向抽象逻辑思维过渡。这主要表现在幼儿对事物理解的进程上。

A.从对个别事物的理解进而发展到对事物关系的理解。如，一位4岁半的孩子谈到在外地进修的妈妈时说："我想妈妈也没用。因为妈妈远在千里之外。"

B.从主要依靠具体形象的理解发展到主要依靠对语言的理解。如，4～6岁，凭语言描述、说明就可以理解成人的意思了。

C.从对事物的比较简单的表面的评价发展到对事物比较复杂、深刻的评价。如，幼儿早期能对事物说出好或坏、是或不是、对或不对等，但说不出理由，到幼儿晚期，就可以用各种理由来表明自己的看法了。

D.从片面地由外部联系进行判断和推理到比较全面地从内在进行判断和推理，并且逐步正确加深。在成人引导下，幼儿晚期对比较简单的判断和比较直接的推理已能做出正确的反应了。如：一位3岁幼儿在谈到人会变老时说："姥姥、姥爷生我妈和舅舅时还年轻呢，他们长大了，姥姥、姥爷就老了；我妈、我爸生我时还年轻，我长大了，他们也就老了；我结婚生小孩时，我也还年轻，等我娃娃长大了，我也就老了。"这个判断推理是合乎逻辑的，体现了这个幼儿善于观察生活、善于思考的好品质。

3．言语发展的关键期

研究表明：幼儿期是人一生中掌握语言最迅速的时期，也是最关键的时期。这一段主要任务是发展幼儿的口语。在此期间，幼儿听觉和言语器官和发育逐渐完善，正确发出全部语言的条件已经具备。3～4岁的发音机制已开始定型。家长要注意教会孩子按普通话语调讲话，否则，发音不准或方言太重，以后纠正就困难多了。5～6岁幼儿掌握的词已由3岁的800～1000个，发展到3000～4000个。他们在正常生活的语言交往中，通过模仿学习已掌握发展到掌握并列句、复合句等多种句式，句子长度增加，能够比较系统、连贯地表达自己的意思、叙述或描述某些见闻，但总的来说，幼儿口语水平的发展还是比较低的。

幼儿5岁左右产生内部语言。在幼儿内部语言开始发展过程中，有一种介

于外部语言和内部语言之间的语言形式，叫自言自语。幼儿在活动或游戏中常常自言自语，这是语言发展中的正常现象，是言语在发展的表现。家长要理解并观察与指导，对孩子在自言自语中说出的问题，如"奇怪！是哪儿不对了？""怎么办呢？"或反映出的错误认识如："你不听话就打死你！""我给你小汽车玩，一角钱玩一次"等。要耐心及时地予以纠正。

幼儿期语言发展的主要任务是：家长要帮助孩子正确发音，丰富词汇和培养口头表达能力，以及培养孩子对文学作品的兴趣。

4．情感外露、易冲动

幼儿的情感外露、肤浅，易冲动，不稳定。幼儿初期还不善于控制和调节自己的情感，很容易受周围事物的影响而毫不掩饰地表现出来，常会因为一点小事而哭闹。但一旦有了别的刺激时，他会马上破涕为笑，转怒为喜，很快就忘记了不愉快的事情；家里来了客人，孩子最容易兴奋，甚至把所有的玩具都拿出来给客人看；进幼儿园，只要有一个孩子哭泣着向妈妈告别，别的孩子也会哭泣起来；等等。这是因为幼儿期孩子的大脑皮层兴奋容易扩散，抑制能力差，所以易受情境和他人情绪的感染。幼儿中期的孩子的情感已稍稳定，他们喜欢和小朋友一起游戏，会因为没有朋友玩而苦恼。幼儿晚期的孩子情感已经显得稳定而深刻，遇到不愉快的事会长时间不高兴，表露的方式也比较含蓄了。

例如，一位不到5岁的女孩送走了出差的妈妈，晚上，她避开家人，独自对着妈妈的照片自言自语地说："我爱你，妈妈，我心中好寂寞。"然后在妈妈的照片上轻轻地吻了一下，又把自己心爱的小被被的一角在妈妈的照片上放了一放，就低头沉思了起来。所以家长一定不能忽视孩子感情的变化，要倍加小心地爱护培养他们的爱心、同情心以及活泼愉快的情绪。

幼儿情感的发展趋势是：情感的发生从容易变动发展到逐渐稳定；表情从容易不随意地外露发展到能有意识地控制；情感的内容从与生理需要相联系的体验（亲亲、抱抱等）发展到与社会性需要联系的体验（希望别人注

意、称赞，愿意和自己交往等）。幼儿的道德感、理智感、实践感、美感等高级情感已开始发展。道德感表现为规则意识已初步形成，能以自己和同伴按规则办事、干了好事而愉快。兴奋、理智感表现为幼儿强烈的好奇心与求知欲的发展。实践感表现在对参加游戏或劳动的喜爱与快乐。美感表现为对鲜艳的色彩、和谐的声音、明快的节奏、丰富多彩的自然景色和劳动成果中所体验到的美。幼儿高级情感的发展是与孩子的认识水平和活动能力紧密相连的，家长应该有计划地、细致地培养与发展孩子的情感。

5. 自制力较差

幼儿意志的发展特点是行动目的性由不明确到逐渐明确，但坚持性的自制力较差。3～4岁时不善于独立地给自己提出活动目的，往往是由当前活动的直接兴趣和直接需要引起。如，妈妈洗衣服，他也要洗，但极易受外界环境的干扰而改变自己的行动目的。他看到爸爸正在用吸尘器打扫房间，便丢下正在洗的小手绢去找爸爸，还边走边说："我洗完了，我要去帮爸爸打扫房间了。"他只热心于洗、扫的过程，而不负责其结果，这表明，幼儿的意志还很薄弱，缺乏坚持性，还不善于控制自己的行为。此时孩子行动目的的稳定性一般只能保持5～10分钟。

5～6岁幼儿的活动目的性发展到了一个新水平，已能够提出与个人兴趣没有直接联系的行动目的，在困难的或看书不太感兴趣的活动中表现出一定的控制自己行为的能力。例如，盛暑时节，有的孩子会说："我不要冰棍了，可以回家喝水，买冰棍还要花钱。""大的鸡蛋给奶奶、爷爷吃，小孩子吃小的。""等我听完了这个故事再玩。""我一定要把小船叠出来。"等等，这都反映了孩子能克制自己的愿望，坚持自己的行动，这是意志力的发展。家长一定要鼓励支持孩子的这种精神。因为总的来说，幼儿期孩子的自制能力、坚持性和克服困难的能力都较差，需要成人有意识地加以培养和教育。

◎ 幼儿心理发展与心理卫生

一、幼儿心理发展

幼儿期是个性开始形成的时期。个性是指人的需要、兴趣、理想、信念等个体意识倾向性以及在气质、性格、能力等方面所经常表现出来的稳定的个性心理特征。

3岁前的婴儿已表现出了最初的个性差异。而幼儿期孩子的个性已有了明显的表现，例如，他们在气质、性格上，有的好动、灵敏、反应快；有的沉静、稳重、反应慢；有的好哭、易激动；有的活泼、开朗；有的能和别人友好相处；有的则霸道、逞强；有的爱听故事、爱学习、勤快；有的浮躁、粗心；有的懂道理；有的有创造性。孩子们在画画、手工、唱歌、跳舞、运动、讲故事以及计算等方面的能力也初步显示了自己的爱好和特长，虽然如此，但是距个性的定型还相差很远。随着环境和教育的影响还会不断地发展、变化。其中的家庭教育尤为重要。家长对幼儿不可娇惯与溺爱，要多创造自己的孩子与其他儿童接触的机会，指导孩子处理好与小朋友之间的关系，帮助他们组织丰富有趣、有益的活动，提供必要的设备，让孩子在和谐温馨的家庭中，在与小朋友们的共同活动与游戏中，增长知识，开阔眼界，体会到友爱、守纪、勇敢、助人的快乐，促进幼儿良好个性的正常发展。

二、幼儿心理发展问题的调试

1. 怯生

怯生，怕与父母尤其是母亲分离，是幼儿的正常心理现象，它说明他已经

能够敏锐地辨认熟人和生人。因而，怯生标志着母（父）子依恋的开始。同时，这也说明孩子需要在依恋家长的基础上与父母以外的他人交往，建立更为复杂的社会性情感、性格和能力。

例如，4岁的小勇在父母和其他熟悉的人面前，天不怕，地不怕，颇似一位"英雄"，但一遇到陌生人就藏前躲后，畏首畏尾。这种现象就是人们常说的怯生。

幼儿怯生并不是生来就有的，主要是后天环境教育影响的结果，尤其是父母保护过度，缺乏交往伙伴的机会，感情对象狭窄等，都可能导致幼儿怯生。胆小怯生是意志薄弱的表现，对孩子今后的成长十分不利。

那么怎样才能使孩子不怯生呢？

（1）首先，不要当着孩子的面经常明确地提出他认生的缺点。

怯生是孩子成长发展的一个过程，家长教育得当，通常会在短期内就可以纠正。如果家长经常当着孩子的面明确地提出他认生的缺点，使他产生不愉快的情绪体验，不仅于事无补，还会强化他的怯生。所以是不可取的。

（2）循序渐进地为孩子创造与陌生人交往的机会。

研究表明，怯生的程度和持续时间与教养方式有关，怯生的孩子大多很少有与除家里人以外的陌生人交往的机会。家长经常约小朋友来家玩，或者到客人家去，带孩子逛街、上公园接触人多的地方等。孩子熟悉的人越多，习惯于体验新奇的视听刺激，那么怯生的程度就越轻，矫正的时间也就越短。当然这个过程要循序渐进地进行。

当生人到来时，家长可以领着孩子，不要急于走近客人，要用你对客人的热情的态度和友好的气氛去感染孩子，使他学会信任客人；让客人逐渐接近孩子，可以先给他一个漂亮的玩具，如果客人也带着自己的孩子，就可让他与你的孩子接触，这会受到孩子的欢迎；如果客人靠近你怯生的孩子，他流露出害怕的表情时，你就立即领他离远些，与客人谈笑，待一会儿再靠近，使孩子逐渐适应、熟悉陌生人。

父母带孩子到集体活动的场合前，要针对可能出现的局面，提前采取应对措施。如事先带他熟悉环境。集体活动中要避免众多陌生的面孔同时出现，或众多的陌生人七嘴八舌地一起与他打招呼逗他。这些会使他缺少安全感，增加害怕或认生的程度。

（3）家长不要过度保护，要拓宽孩子的接触面，让他及早步入"同龄小社会"。家长要鼓励子女与年龄相仿的孩子接触、玩耍，不要过度保护。

可以先让他们与陌生的孩子交往，例如，常带孩子到儿童游乐场与众多陌生的孩子一起排队滑滑梯、荡秋千、攀登障碍物、做游戏等。还可以主动为孩子寻找不认生的孩子做伙伴，伙伴的榜样作用往往超过成人的指导，当孩子能够自然地回答陌生人问话或有礼貌地呼叫陌生人时，千万别忘记及时给予奖励或称赞。这样，勇敢、自信、开朗、友爱、善于与人相处，富有同情心和竞争心等素质，就会在孩子的心里扎下根，就会克服怯生心理，使孩子在人际交往中健康而幸福的成长。

2. 不愿意去幼儿园

有个家长叙述："我儿子3岁4个月，今年9月上幼儿园，然后总是感冒。每次去都会学好多东西回来，我们都很高兴，老师也很喜欢他。可是每天从幼儿园回到家就要发脾气，哭闹，早晨不愿意去幼儿园，不让人提起上幼儿园的事，睡梦中经常哭醒说'不上幼儿园'，有时一晚上要如此好几次，只有安慰他说不去幼儿园了又安心睡着。我感觉上幼儿园已经成为儿子巨大的心理负担。现在他又感冒了，咳嗽得厉害，我们就没再送他去。在上幼儿园的那段时间，儿子整天没有笑脸。这几天不上幼儿园了，他就高兴得不得了。真不知如何是好。"

在日常生活中不少家长反映自己的孩子不愿意去幼儿园。造成幼儿不合群的原因很多，要针对原因找出纠正、教育的措施。

一般来说，幼儿不愿意去幼儿园的原因有以下几点：

（1）不想与亲人分开。对孩子来说，在爸妈身边，心里会有安全感。

而上幼儿园以后，离开亲人孩子会产生失落、焦虑与不知所措的感觉。

（2）对陌生环境感到害怕。习惯了自己熟悉的家，去幼儿园长时间待在充满陌生人的环境中，孩子会感到莫名的焦虑与不安。

（3）无法适应集体生活。孩子在家很自由，而到了幼儿园，必须遵守集体的规范，食品、玩具需要与他人分享，刚开始入幼儿园可能对集体生活适应困难。

（4）跟不上集体进度。集体生活中常常无法照顾到个人的需求，如果孩子在学习知识、自己穿衣、系鞋带等自我生活能力方面达不到其他孩子的能力，会有挫折感，会为此产生心理压力，一想到上幼儿园就紧张。

（5）人际交往受到挫折。小孩子都渴望友情，在幼儿园里可以和很多小朋友一起玩，然而，如果在幼儿园被其他小朋友欺负、排挤，孩子就可能不想去了。

如何处理孩子哭闹不肯上幼儿园的问题，以下几条建议可供家长参考：

（1）做好入园前的准备工作。A．多给孩子讲故事，同时鼓励孩子把故事讲给别人听，以培养他的勇气和表达能力；B．教孩子认识一些简单的字词、数字和图像等，为入园的学习做些知识准备；C．鼓励孩子与邻居家的小朋友一起玩耍，还可以带他到儿童娱乐城，多接触一些陌生小朋友；D．培养孩子初步的生活自理能力和良好习惯，给孩子安排与幼儿园相应的作息时间，缩短家庭与幼儿园生活、卫生习惯方面的距离，使孩子对幼儿园有一定的间接经验。

（2）鼓励孩子多交朋友。在幼儿园里，小朋友对于孩子来说是很重要的。平时可以邀请小朋友和其家长到家中来玩，以促进孩子们之间的友谊。有机会孩子们能够结伴上幼儿园，会增进友谊、减轻孤独感。

（3）坚持送孩子上幼儿园。不管天气冷热、刮风下雨，都要坚持按时送孩子上幼儿园。如果经常强调客观原因不去幼儿园，会养成孩子怯懦、娇气、任性和自由散漫的不良习惯。长大以后，这些不良习惯会带到学习、工作和生活

中去。

（4）及时与幼儿园的老师沟通。如果入园已经很长一段时间了，孩子还是有强烈的害怕和抵触情绪，家长就要注意了。要及时与老师沟通，找出具体原因，以便解决。

3. 任性

场景：

"妈妈，给我巧克力！"玩得满头大汗的林林跑回家里，对妈妈说。

"下楼的时候不是刚吃过吗？再吃牙会坏的。"妈妈不同意。

"我就要，就要！"林林跺着脚嚷嚷着。

"闹！再闹你爸爸回来又该揍你了。"

妈妈虽这么说，还是从盒子里取了一块巧克力递给他。不料林林嫌少，把巧克力一摔，坐在地上大哭起来。妈妈无奈地将整个糖盒送到他面前，林林这才破涕为笑，抓了一大把巧克力跑出去了。妈妈无可奈何地摇了摇头。唉，这孩子，总是这么任性。

所谓任性，是指对个人的需要、愿望或要求毫不克制；抗拒、不服从家长管教；不按照家长的要求去做；或者表面上答应、内心不服，当家长不在旁边时，就由着自己的性子来。如任其发展，任性的幼儿难以与别人合作，难以与别人友好相处，难以适应集体和社会生活。任性可以说是独生子女的通病，将会严重影响其个人健康成长。因此对于任性的孩子，做家长的不要总想着"孩子大了，会好的"，而是要积极地帮助孩子走出"自我中心"的阶段，矫正任性。

幼儿任性形成的原因大致有以下几点：

第一，家长对孩子溺爱，娇惯纵容。孩子的任性行为在一定条件下，是家长对孩子溺爱，常常是在家长的娇惯纵容下慢慢形成的，上面林林妈妈对林林的行为是典型的事例。而爱不适度和放松教育，无节制地满足孩子吃、穿、玩的要求，无一定的生活常规和行为准则，则是孩子产生任性的温床。

第二，家长教育的简单粗暴。由于幼儿自制力差，情绪不稳定，易冲动，思维带有片面性与刻板性。有的家长用训斥、打骂等粗暴方法压制孩子的正当需要和意见或缺点，使孩子产生逆反心理，以执拗来抗粗暴，发泄不满，更助长了孩子的任性行为。

第三，家长教育的无能，放任自流。孩子不听话，家长的要求和愿望难以实现，有的家长感到无能为力，于是对孩子放任自流，久而久之导致孩子的任性。

因此，家长应该关注幼儿成长过程中的"反抗期"。在对待孩子任性的问题时，充分理解幼儿独立性的发展规律是至关重要的。在幼儿成长过程中，3～4岁是人生的第一"反抗期"。这时期孩子不再像以前那样听话，经常和家长"闹独立"，总是力图摆脱家长的约束。有时好像故意与家长和老师作对，你让他去做的事，他偏不去做，你不让他去做的事，他偏去做。往往到4～5岁时这种情形依然延续，孩子经常表现出不服管教的特性。家长应该冷静地对待幼儿的任性行为。家长可以采取转移、冷处理、适当惩罚等方法把难题巧妙化解。

（1）转移注意力。

孩子注意力易分散，易为新鲜的事物所吸引，要善于把孩子的注意力从他坚持的事情上转移到其他新奇、有趣的物品或事情上。孩子注意力被转移后，很快会忘记刚才的要求和不愉快。例如，在玩具商场里，孩子一定要买一个上百元的变形金刚，而家里已有不少类似的玩具，这时家长不要直接回答买还是不买，可以引导孩子："前面还有更好玩的东西，我们赶紧去看看。"孩子一般会相信商店里还有更好的东西，这样家长可以带着孩子边走边看边讲解，孩子很容易会将刚才的事情忘掉。

（2）预先提示。

在家长已掌握自己孩子任性行为规律后，用事先"约法三章"的办法来预防任性的发作。例如，每次上街，经过小商店时，孩子总是哭闹要买雪糕吃。

家长应在上街之前就跟孩子说好："今天上街经过小店不吃雪糕，就带你出去，否则就不带你去。"

（3）冷处理。

当孩子由于要求没有得到满足而发脾气或打滚撒泼时，家长可暂时不予理睬，给孩子造成一个无人相助的环境，不要露出心疼、怜悯或迁就，更不能和他讨价还价。当无人理睬时，孩子自己会感到无趣而做出让步。事后家长对孩子简单而认真地说明这件事不能做的原因，并对他说："相信你以后会听话的"之类的话来鼓励他。

（4）激将法。

利用孩子的好胜心理，激发起他们的自信心去克服任性。例如，孩子在每餐吃东西后都习惯不擦嘴巴，还任性地说："我不喜欢擦。"家长可以说："你不是说你像白雪公主的吗？我看白雪公主就比你干净。"

（5）适当惩罚。

对于年龄小的孩子，只靠正面教育是不够的，适当惩罚也是一种极为有效的教育手段。例如，孩子任性不吃早饭，家长既不要责骂，也不要威胁，只需饭后把所有的食物都收起来。孩子饿时，告诉他肚子饿是早晨不吃饭的结果，孩子尝到饿的滋味后就会按时吃饭了。

（6）榜样暗示法。

当孩子出现任性行为时，家长可以用电影、电视或图书故事中的典型人物的具体形象、具体情节和行为活动给孩子看或讲给孩子听，使他从中受到暗示，得到启发和教育。

4. 电视综合征

家长叙述："现在的小孩子都爱看电视，我们家小明也不例外。问题是他看电视成瘾了。虽说上幼儿园后，看电视的时间比以前少了，但平均下来，一天也有三四个小时。吃饭时催促多次仍不离电视，叫他出去活动总是不乐意。有一次全家出去吃饭，他惦记着他的连续剧，使劲地催促我们回家，我又气又

好笑，说我们家小明跟电视最亲了。后来发现有些不对劲，小明总是幻想自己有神奇力量，能像'超人'那样无所不能，或者认为自己可以像'武林高手'那样除暴安良，变得整天想入非非，他的老师还告诉我，小明在班上搞起'小团伙'，动不动就想打人，小朋友们都对他有意见，这让我很忧虑。"

对于3～7岁幼儿来说，在假期的大部分时光中，电视或电脑成了他们形影不离的"玩伴"。医学专家指出，长时间看电视、依赖电视的孩子，很容易患上"电视综合征"，从而损害生理和心理健康。

"电视综合征"对儿童生理的影响主要表现在以下几个方面：

（1）对身体组织的慢性压迫。孩子长时间地坐在沙发上看电视，哪怕是"正襟危坐"，也会导致对臀部肌肉和组织的压迫，导致血液运行不畅，容易引发尾椎骨等部位的病变。而不正确的位置、坐姿等可导致骨骼长期压迫下的变形。

（2）对视力的影响。青少年子女的近视很多时候与看电视距离过近有关。

（3）电视辐射在人体上的影响的积累。短期内容易出现头晕、恶心、心神不宁。

"电视综合征"对儿童心理的影响主要表现在以下几个方面：

（1）电视的声像效果对儿童的感官刺激较大，而书本与之相比就显得比较单一。因此，孩子习惯了电视的刺激，以后进入学校必须要学习书本知识时，看书本就容易躁动不安，表现为看不进书，无法保持注意力。

（2）对孩子来说，图像比文字更容易理解，无需多动脑筋。爱看电视的孩子会在无形中养成思维的惰性，不利于其思考能力的培养与提高。对电视严重依赖的孩子，其语言能力、抽象思维能力，特别是掌握数学符号体系的能力都会有所下降。

（3）长期依赖电视的儿童大大地减少了人际交往、沟通，长此以往儿童会变得孤僻、孤独，不愿意与人交往。有些患上"电视综合征"的孩子，会表现得淡漠，对周围事情漠不关心。因为过度迷恋电视，非常反感他人干扰其看电

视，心情容易烦躁。而他们的行为模仿力却很强，会经常模仿电视中人物的语言、声调和动作。

向家长提出以下的一些应对儿童"电视综合征"的策略：

（1）不允许孩子看暴力过多或其他儿童不宜的电视节目。

无论孩子是游戏似的还是严肃地看电视，他们都有可能模仿电视中的暴力行为，他们极有可能把暴力看做可以接受的行为模式，甚至是解决他们问题的方法。家长们对于这类造成不良影响的电视节目要加以甄别，尽量避免让孩子观看。

（2）制定孩子每天看电视的时间限制和条件。

在每天有限的时间里，花三个半小时来看电视是过多了，这样做作业、做家务、读书、独自玩耍或者和他人交往的时间都不多了，一个小时或者在某些特殊的场合两个小时是更为恰当的时间限制。无论你确定的时间限制是多少，都要非常具体；比如，晚上7：00到8：00，任何一次延长时间，都要事先和父母商量。

（3）向你的孩子建议或者安排一些可以替代看电视的活动。

只是减少孩子看电视的时间，却不提供可以替代看电视的活动，就只会导致和原意相反的结果。如果没有其他事情可做，孩子就会更加看重电视。除了建议你的孩子玩玩具、培养某种爱好或者约伙伴一起玩耍，应该尽量提出一些你也可以一起参与的有趣的活动。

（4）不要让孩子边看电视边吃饭。

因为这样会把注意力集中在电视节目上，吃饭不是狼吞虎咽，食之过急，便是漫不经心，把就餐的时间拖得很长，长此以往，会使食欲降低，消化器官的功能减弱；也不要吃完饭马上去看电视，以免长期静坐影响食物的消化和吸收。

最后，在科学健康看电视的问题上家长一定要做孩子的榜样，尤其不能拿看电视当做给孩子的奖励。例如，写完作业允许看电视等等。而对待儿童看电

视还需要选择合适的电视节目。儿童是非判断能力较弱，往往容易受不良信息的影响。目前，数字电视开通的女性频道、政法类频道等就不适合儿童观看，而动画类频道也需要控制孩子观看时间的长短。

5. 退缩行为

一般来讲，多数孩子与其他小朋友都能融洽相处，一起玩耍。但也有些孩子明显孤僻、胆小、退缩，不愿与其他小朋友交往，更不愿到陌生的环境中去，宁愿一个人待着。这种现象称为"儿童退缩行为"，多发生在5～7岁的幼儿身上。

正常的幼儿，突然到了一个完全陌生的环境，或遇到惊吓、恐怖的情景，出现少动、发呆、退缩等行为表现，是正常的适应性反应。但是有退缩行为的儿童，即使随着时间的推移，也很难适应新的环境，如果不注意防治，还有可能持久地影响到他们成年后的社交能力、职业选择及教育子女的方式等。

儿童退缩行为的原因主要有以下几个：

（1）先天适应能力差。

这类儿童从小适应能力差，对新环境感到特别拘谨，不愿意接触人。一定要他们面对新环境，适应过程会艰难而缓慢。

（2）后天抚养教育不当。

有的家长整天把孩子关在家中让其独自玩耍，不愿他与其他孩子交往；或对孩子过于溺爱，过多照顾与迁就，也会使孩子难以适应新的环境。

有退缩行为的儿童，平时表现为孤独、退缩、胆小、害怕。他们从不主动与其他小朋友交往，沉默寡言，宁愿一个人在家中与布娃娃为伴；来了客人通常会赶快躲藏起来，怕见外人；但在自己熟悉的环境中，与自己熟悉的人在一起，还是能高高兴兴地谈笑与玩耍，并无任何精神异常的表现。

这类儿童年龄较小时，父母除发现他们性格比较安静、不大愿意与小伙伴玩耍外，常常不易发现其退缩行为；而入幼儿园时，退缩行为就会明显暴露出来，表现为紧张、害怕、拒绝上幼儿园；不过逐渐熟悉环境以后，孩子退缩行

为的症状又会逐渐减轻。

为预防和矫正儿童退缩行为，对家长有以下建议：

（1）培养孩子独立自主的能力，让孩子学会自己管理自己、自己的事情自己做。家长要相信孩子的能力，让孩子丢掉处处依赖别人的"心理拐杖"，学会独立"行走"。

（2）创造条件，让孩子多参加社会活动，鼓励孩子与小伙伴交往。对已经出现退缩行为的儿童，应多带他们外出，逐步适应各种环境，帮助他们克服孤独感。

（3）不要溺爱孩子，以免造成孩子过分依赖；也不可强扭孩子的退缩行为，避免使孩子恐惧不安，更加害怕与人接触。父母的信心和良好的社交关系，有利于孩子克服性格上的缺陷，塑造其开朗的性格。

（4）对孩子在社交中表现出的合群现象给予及时的奖励和强化。经过多次社交实践和家长的正确心理诱导，绝大多数有退缩行为的儿童，都能成为性格开朗的人。

6. 睡眠问题

雷佐夫(1985)对幼儿睡眠问题下的定义为："幼儿每周超过三个夜晚出现夜惊，或者一到睡觉时间便出现抵触性的反抗以及同时伴随着与成人的冲突和苦闷的情绪。"

小帆夜晚多次叫醒父母；夜晚醒来持续的时间超过半个小时。睡觉时间抵触性的反抗包括：超过一个小时的时间迟迟不肯入睡；多次呼唤父母回到自己身边；不允许父母离开自己的房间等。

深夜12点，正准备睡觉的亮亮妈妈突然发现已经上床两个小时的亮亮从卧室里走了出来，表情茫然，目光呆滞。亮亮妈妈忍不住轻轻问他怎么回事，但亮亮毫不理睬，走了大约5分钟，便自己回房了。第二天问亮亮，他并不知道自己昨晚曾经起过床。这不是梦游吗？这个5岁的孩子，精神会不会有什么问题？亮亮妈妈非常担心。

幼儿神经系统未发育完善，但已陆续上幼儿园，经历明显增加，特别有时生活、学习紧张，或发生一些刺激性强的事件，就很容易出现睡行、夜惊、梦魇等睡眠问题。但随着年岁增长，神经系统发育逐步完善，大部分儿童会自然而愈，因而不必过分担心。

在我国，婴幼儿的睡眠问题一直没有受到应有的关注，人们往往认为睡觉是生活中理所当然的事情，睡觉就如同我们消化食物和呼吸空气一样自然。许多家长非常注重孩子营养的补充而忽视孩子睡眠质量的提高。

幼儿睡眠问题主要有以下几个：

（1）幼儿想象力丰富。

婴幼儿的睡眠问题不仅指在睡眠中有打呼噜、磨牙、盗汗等现象，而且最主要的是难以入睡、出现夜晚惊醒的情况，这在孩子0~3岁时发生得比较频繁。婴儿在夜晚醒来是正常的，而只有当婴儿在夜晚醒来并且很难进行自我调节时，婴儿的睡眠才是有问题的。据调查，34%的家长认为他们的孩子在夜间都会不时地醒来，估计那些很难再入睡的儿童会受睡眠问题的折磨。由于年幼儿童的想象力比较丰富，较难区分现实和想象，因此他们在睡眠时做噩梦是常见的。

（2）幼儿个性因素。

婴幼儿的气质、婴幼儿与父母的依恋都与婴幼儿睡眠问题的形成有关。多项研究资料表明儿童的气质与其睡眠有着密切的联系，通常脾气较暴躁、经常哭吵的儿童其睡眠质量受影响的较多。同时也有研究提示不同气质类型的儿童具有不同的睡眠行为。

（3）与父母同睡。

与父母同睡会对孩子的睡眠产生影响吗？调查显示，70%的家长认为孩子与自己同睡对孩子的睡眠没有影响；只有16%的家长认为孩子与自己同睡对孩子的睡眠会有消极影响。与孩子同睡在各种文化背景中都是很常见的，我国有人做过调查，到孩子7岁的时候还有57.7%的孩子跟父母睡在一起，而美国国

家调查机构2000年的调查结果只有9.2%的孩子跟父母睡在一起。大多数美国白人都认为与父母同睡是与社会经济地位较低、家庭压力大、家庭教育缺乏和母亲的消极教养态度相联系的。

与父母同睡的幼儿经常夜晚入睡不深而且时常醒来。与父母同睡的隐患是：

第一，影响孩子独立性和自主性的发展，孩子和父母同睡会造成孩子对父母的过度依赖，缺乏自我独立的精神，长此以往，对孩子的个性、社会性的发展都会产生不利的影响。一位15岁的农村女孩考上城里的一所必须住宿的学校，产生严重的分离焦虑，一周7日的分离都不能忍受。在学校每日以泪洗面，还常常缺课，又不接受心理医生的治疗，数月后辍学。原来从出生直到目前，一直与母亲同床同被睡眠。

第二，与父母身体接触太亲密会造成孩子过度敏感，而且孩子处在长身体的重要关头，与父母同睡在狭小的空间，在一定程度上限制了孩子的身体发展。

第三，导致孩子形成睡眠问题，如夜间惊醒等。

第四，导致对孩子的身体伤害。父母与孩子同睡有可能将孩子置于危险的境地，例如，父母在床上翻身，婴幼儿长时间吸入父母呼出的废气等都可能对孩子造成身体伤害。

第五，对父母的婚姻关系造成潜在的影响。父母之间的关系也是需要彼此去维系的，父母除了对孩子的养育和教育问题负责外，也需要营造属于彼此的私密空间。

家长帮助儿童获得良好睡眠的对策：

（1）制定有规律的作息时间表。

确保孩子晚上有11～12小时的睡眠。充足和有规律的睡眠对于儿童的成长是十分重要的。那些在晚上9点半或10点以后睡觉的儿童，比那些睡觉早的儿童更容易出现脾气暴躁现象。

（2）让孩子穿特定的睡衣，形成一种特定的就寝仪式。

合适的睡衣可让孩子感觉身体舒适，并对孩子的睡眠产生心理暗示，让孩子在睡眠前得到心理上的缓冲。也可以让孩子在睡前做一些转换心情的活动，如让孩子养成睡前刷牙洗脸的好习惯。

（3）避免在睡觉前让孩子看电视或者玩电脑游戏。

学龄前儿童不能区分想象和现实，一些电视节目和电脑游戏中让人恐惧或带有暴力倾向的镜头会对孩子的入睡造成困难。

（4）如果儿童拒绝睡觉，父母的态度要温柔而坚决。

父母温柔而坚决的鼓励实际上也是一种情感支持，既要让孩子觉得父母在身边，那些睡觉前的恐惧和担心都是多余的，同时也要让孩子明白父母坚决的态度是不能改变的。唯一能做的只能是自己慢慢地独自去睡。此时，父母可以温柔地跟孩子说说第二天的活动，强调第二天是美好的一天；也可以和孩子做一些睡觉前的准备，如给孩子讲一段故事，让孩子喝一杯牛奶；拿一个孩子喜欢的玩偶上床，关灯之前拥抱或者亲吻一下孩子，鼓励孩子闭上眼睛培养睡意，帮助年幼的儿童驱除独自在黑暗中不适的体验。父母的态度越是坚决，儿童越容易养成良好的睡眠习惯。

（5）如果孩子晚上经常醒来，父母应给孩子更多的安抚和情感支持。

父母可以在孩子惊醒的时候安抚孩子，拍拍孩子的背部或者亲吻孩子，和孩子安静地待在一起，直到孩子睡着。父母要注意的是不要吓唬孩子，不要用粗暴的话语对待孩子，要使孩子保持愉快的心情。

（6）若是孩子不肯睡，不要给孩子吃任何药物。

药物不但会影响孩子的发育，而且会影响孩子形成良好的入睡策略。

7. 不爱交往

一个家长的叙述："今天早上，我一边给霖霖穿衣，一边探问他为什么不爱去幼儿园。霖霖说，他喜欢童心幼儿园的老师。原来，他心里一直忘不了原先幼儿园的小朋友和老师啊！真是可爱的霖霖。是啊，那个幼儿园的园长和

老师都喜欢霖霖，经常夸奖霖霖，使霖霖感到受到重视和爱护，因而无比的快乐。而在现在的幼儿园里，老师不像从前的幼儿园老师那样重视和爱护霖霖，所以霖霖不爱说话，在幼儿园里经常发呆，可能是怀念过去的小朋友和老师吧！"

琪琪是这学期来的新生，不太爱说话，性格内向。由于爸爸、妈妈平时工作非常忙，很少抽出时间陪她，因此她常常一个人玩。在幼儿园的生活、游戏中缺乏主动性，很少主动跟其他小朋友打招呼、一起游戏。下午创造性游戏时间到了，孩子们纷纷选择自己喜欢的游戏。今天琪琪想玩商店游戏。当她走进玩具商店时，看见其他的小朋友已经开始玩了，他们一会儿买小汽车，一会儿买小电脑，玩得不亦乐乎。琪琪用羡慕的眼神望着，悄悄地站在离他们不远的地方。

老师轻轻地走过去问："琪琪想玩玩具商店的游戏吗？"她点点头。

"那你去找小朋友一起玩吧！"她却站在那儿一动不动。

老师微笑着对她说："琪琪，你看晖晖她们一起玩得多开心呀！其实她们也非常喜欢和你一起做游戏，不信你试一试？"

"那我怎样才能参加她们的游戏呢？"琪琪终于开口了。

"你可以当小顾客呀！带上你的纸币去买东西呀！"

这时她才慢慢地挪着步子走到玩得正开心的晖晖面前小声地问："我做你们的顾客好吗？"

"可以。"晖晖开心地回答。

琪琪露出了笑脸说："我今天来买计算机，多少钱呀？"

"十元钱。"晖晖笑眯眯地对琪琪说。

"谢谢！"于是琪琪和她们一起玩起了买卖游戏，有说有笑开心极了。不一会儿，老师发现她们还进行了分工合作：琪琪当管理员、晖晖当售货员、琪娅和另外的几个小伙伴当顾客等等。此时的琪琪已经融入和小朋友们的游戏中了。

家长帮助儿童获得良好交往技巧的对策：

（1）尽量能为孩子创造一些交往的机会。

例如，起初可以把别人的孩子请到家里一起玩，发展到让他和别的孩子一起出去玩。刚开始时，最好先把性格比较内向的孩子请到家里来。因为内向的孩子和外向的孩子在一起时，容易产生自卑感，经常只会在一旁观看，而不愿积极参加游戏。因此，应当等自己的孩子在和内向的孩子的交往中产生了愉快体验之后，再扩大交往范围。

（2）鼓励孩子多参加集体活动。

参加集体活动是提高交往能力的重要途径。孩子在集体活动中，不仅可以结识许多的小伙伴，还可以在了解他人的基础上了解自己，学会用集体交往的规则调节自己的言行，学会尊重他人、信任他人、谅解他人、乐于助人，学会调节集体和个人的关系。

（3）改正不良品质。

帮助孩子改正那些不利于团结的个性品质，如骄傲、吝啬、自私等，培养孩子无私、诚实、向上、勇敢的品格，只有这样的孩子，在小伙伴中才是最有吸引力的。

（4）培养孩子的口头言语能力。

提高儿童语言表达的能力，就是帮助他们架起与他人沟通的桥梁。从小就要培养孩子会说爱说，为他们进行交往活动打下必要的基础。

（5）平时多表扬、多鼓励。

多鼓励孩子与其他小朋友交往，对不爱交往的孩子在交往中的点滴进步，如接受其他小朋友的邀请，在老师或家长的指导下与小朋友交往等行为，及时给予表扬、鼓励，增强其与他人交往的自信心。不要指责孩子太老实、没出息，也不要当着外人批评孩子不大方、见不得人等。这种责备会打击孩子的自尊心，加重孩子的心理负担，反而使他们更加退缩不前。

（6）增加孩子的安全感。

有些家长对孩子过分疼爱，总怕孩子和别人在一起吃亏受委屈。这种情绪感染到孩子，使他们总是怀疑别人，感到他人世界的危险，因此不敢和别人交往。这类家长应当调整自己平时的言行，培养孩子对人乐观的态度。

（7）出去串门时，尽可能把孩子带上。

家长出去串门时带着孩子，可以使孩子有机会接触各种各样的人，有机会学习一些社交礼仪和规矩，从而能够体会到交往的乐趣。

（郝志红）

维护儿童的心理健康

◎ 儿童身心发展特征

一、儿童生理发展特征

孩子进入了小学阶段，他在悄悄地长大，这个阶段的孩子的生理发育比较平稳，这一时期您的子女生理发育的具体特点是：

1. 身高、体重稳步增长

您有没有过这样的经历，曾经出差数月，回到家中，蓦然发现，孩子长高了。这是因为：在青春发育之前，小学生的身高平均每年增长4.5～5厘米，体重平均每年增长2～2.5千克。进入青春发育期以后（女孩从十一二岁，男孩从十三四岁开始进入青春发育期），儿童的身体发育呈快速增长的趋势。

2. 骨骼发育，不巩固

小棋的父母都是身姿挺拔的运动员，幼年时的小棋活泼好动，身体发育良好，可是升入初中之后，明显地出现两肩高低不平的现象。这是因为在小学期间他的书写姿势不规范造成的，如果不及时矫正，可能会造成终身的遗憾。

小学生的骨骼正处于生长发育阶段，骨骼富有弹性，可塑性大但不坚固，儿童不易发生骨折，但骨骼容易弯曲、变形、脱臼和损伤。因此这个时期一定

要注意培养孩子良好的坐立行走姿势，以及正确的书写习惯，为孩子今后骨骼成长打下良好的基础。

3. 肌肉力量增强，缺乏耐力

与学龄前儿童的肌肉发育相比，小学生的肌肉力量有所增强，儿童喜欢跑、跳、投掷等活动，但是儿童的肌肉耐力较差，容易疲劳，因此要注意让孩子劳逸结合，不要让他们进行持久的剧烈活动，以免肌肉受损。

4. 新陈代谢加快，易疲劳

小学生的心脏和血管的容积小于成人，但新陈代谢快，需要较大的血液循环量。心脏必须加快跳动，才能使血液循环保持平衡。因此，小学生的心率高于成人，每分钟85～90次。过强的体力劳动和剧烈的体育运动容易引起小学生心脏负担过重，产生疲劳。

5. 大脑渐成熟，不宜过分兴奋和抑制

小学生脑的重量已接近成人，大脑神经活动的兴奋和抑制的机能也逐步增强，第二信号系统在两种信号系统协同活动中的主导作用加强。小学生大脑发育为儿童心理的发展提供了有利的条件。不过作为家长的您应当看到的是，小学生大脑兴奋、抑制功能虽有一定的发展，但仍大大低于青少年和成人的水平，因此，过分兴奋和抑制对儿童的身心健康是有害的。

二、儿童心理发展特征

小学生生理的发育，尤其是大脑的发育，为小学生心理的发展提供了有利的条件，再加上这一时期儿童进入到正规学校学习，学习成为儿童的主导活动。在学校教育的影响下，儿童的心理获得了迅速的发展。在这一阶段，小学生心理的发展具体表现为：

1. 认知能力迅速发展

小学生的认知能力在感知、注意、记忆、思维、想象和言语各方面都获得

了迅速的发展。以注意和思维的发展为例，小学生的无意注意虽然仍起着重要作用，但有意注意有了很大的发展，并逐渐在学习和从事其他活动中占主导地位。注意力集中的时间不断延长，7～10岁儿童可以连续集中注意的时间为20分钟，10～12岁为25分钟，12岁以上为30分钟。关键是要了解儿童的认知心理规律，注意力集中的时间不够长的特点，而不要逼迫孩子坐在座位上一动不动地持续学习两三个小时。否则，儿童的注意力涣散，学习效率不高，长此以往还会使子女产生学习怠倦。在子女学习一段时间后，要允许他们离开书桌适当地活动活动。还应当指出的是，儿童的注意稳定性比较差，注意力容易分散，因此在孩子专心学习或做事情的时候，要为儿童创设比较舒适、安宁的学习环境，父母不要大声喧哗，干扰而分散他们的注意力，要有意识地培养他们专心致志的品质。

2. 思维从具体形象向抽象逻辑思维过渡

儿童的思维逐步从具体形象思维为主要形式过渡到以抽象逻辑思维为主要形式。例如：儿童在思维的过渡期，要学会关于自然方面的初步知识，像山脉、河流、沙漠、高原、火山、生物、非生物，等等。在儿童掌握这些知识经验的时候，虽然也是尽量以直觉教具为依据，不过主要还是借助教师的言语，通过描述这些现象的书面材料来实现。这就需要儿童的抽象逻辑思维。儿童的判断、推理和理解能力也在不断地发展，思维的灵活性、判断性、批评性、创造性都有所提高。例如：随着儿童年龄的增长，他们在看动画片时，这样的言语减少了："妈妈他是好人还是坏人？""他为什么要这样做？"……他们不再追问，是因为他们不断发展的判断力和理解力已经能够判断剧情中人物的好坏，理解人物的动机了。

这个时期正是培养孩子思维能力的好时候，培养孩子的思维能力不仅仅是老师的事情，父母也有重要的责任。作为家长的您可以在日常生活中，向孩子提一些启发性问题，像"冬天河水会结冰，为什么流动的小溪却不结冰呢？""筷子明明是直的，为什么放在有水的碗里就变弯了呢？"以这种贴近

生活的科学现象作为问题，来启发孩子不断地思考与学习，同时可以提高他们对生活的观察力。家长还可以问孩子一些答案多样化的问题，像"水有哪些用途？""天上的云像什么？""纸上的圆形能够让你想起哪些事物？"等等。这些答案不唯一的问题容易引起儿童回答问题的兴趣，有利于培养他们积极思考的好习惯，更有助于发散性思维能力和创造性思维能力的提高。

3. 情感的内容日益丰富和深刻，表达内化

小学生的情感内容日益丰富和深刻。小学生的道德感、理智感、美感有了一定的发展，集体主义、爱国主义、责任感、义务感、友谊感等社会情感也逐步形成。他们对争当文明班集体、加入共青团、竞选班长、成立好朋友名册之类的情感话题极为关注。小学低年级学生情感的表达方式是外露的，他们不善于掩饰自己的情感，例如：小刚受到了小伙伴的伤害，会直接对小伙伴说："我讨厌你，不跟你玩儿了。"到了小学高年级，小学生的情感表达方式逐渐内化，情感的稳定性和控制力也逐渐增强。他们不再不断地变换伙伴，友谊关系的建立比较稳定。

4. 意志品质不断增强

与学龄前儿童相比，其意志的目的性发展了，他们已经能够逐步建立长远的行动目标，而不为直接目的所左右。很多儿童会为自己提出一些目标，并且一些儿童会以目标为方向，不会因为一时的兴趣、次要目标而左右自己的行为。常会听到他们这样说："这一年我要攒够50元零花钱，年底去买喜欢的那款电动车。""这学期我要争取得到十面文明小红旗。"等等。自制力和独立性有所增强，行动的冲动性和暗示性大为减少，行为的自我调节能力有了明显的进步。他们不会再像以前那样无法控制自己，沉迷于动画世界中，无法完成作业。不会再像从前只有在老师、家长的监督下才能够完成学习任务。不过，儿童的果断性、坚持性还比较差，他们往往在"果断"中显示出盲动，在坚持中表现出对教师或家长的帮助的依赖。例如：一个体型肥胖的小男孩，在班里举行的800米长跑比赛中，跑了班里最后一名，于是痛下决心，要求自己每天

早上5点起床跑步，目标是在一个星期之后的800米长跑比赛中，进步到班里第一名，并要求妈妈监督他。跑了两天，他觉得没什么效果便不动声色地放弃了，之前向父母所下的决心也就随之烟消云散了。对于这种盲目地为自己制定一些不切实际的奋斗目标的孩子，家长要循循善诱地帮助孩子修正目标，确立的目标应该是"跳起来摘桃子"，根据他的实际能力、水平，确立一个比他实际水平稍高的水平为目标，激励子女努力实现目标。一旦有进步，家长应该及时予以表扬、奖励，再制定下一个目标，循序渐进，使他不断地品尝成功的喜悦，树立自信心。

5. 自我意识水平提高

小学阶段，儿童的自我意识有了迅速的发展。首先表现为自我意识的内容不断丰富。小学生不仅能意识到自己的身体特征和生理状况，而且能意识并体验自己内心的心理活动，并能感受到自己在社会和集体中的地位和作用。其次，儿童自我评价的独立性、批判性获得较大发展。儿童从依赖他人的评价逐渐发展为能独立地、批判地进行自我评价，自我评价的内容和范围不断扩大，稳定性不断加强。

6. 个性品质逐渐形成

小学阶段儿童的个性品质也获得了迅速的发展，他们的学习兴趣逐渐分化、稳定，个人志向从直觉的、幻想的、易变的逐渐分化、稳定且富于理性。儿童的智力和特殊能力在课堂教学和课外活动的训练和影响下，得到了多样化的发展。在良好的环境和教育下，儿童的勤奋、勇敢、守纪、忠诚等优良个性品质正逐渐形成。

小学生自我意识是多方面的，其中最为重要的是自尊。美国著名心理学家詹姆斯(W. James)认为，自尊就是指个体的成就感，或者说，自尊取决于个体在实现其所设定的目标的过程中对成功或失败的感受。可见对小学生自尊的辅导，关键在于帮助小学生获得成功，体验到成功的喜悦，减少失败的感受。有许多心理学家认为，自尊是由理想自我与现实自我共同构成的。所谓理想自

我，是指一个人希望自己成为什么样的人的一种意象，这种意象并不是一种轻浮的、根本达不到的幻想(如我想成为百万富翁，我想成为著名影星等)，而是一种想拥有某种特性的真诚愿望。所谓现实自我，是指一个人对自己是否具有某种技能、特征和品质的主观认识。当理想自我与现实自我相一致时，自尊就是积极的。相反，当理想自我与现实自我不一致时，自尊就是消极的。例如，有这样两个学生，一个叫刘言，另一个叫周红。刘言很看重学业上的成功，他的理想是长大后当一名科学家。他平时努力学习，上课用心听讲，每次考试都能取得好成绩，是班里公认的好学生。与刘言不同，周红很看重同学间的友谊，希望自己的人缘非常好，将来能够成为班里所有同学的好朋友。可是周红的性格很内向，不大愿意与同学们交往，同学们也很少主动与他来往，实际上周红在班里的朋友很少。由于刘言同学的理想自我与现实自我是一致的，所以，他的自尊较强；而周红同学的理想自我与现实自我有很大的差距，所以，他的自尊相对较弱。

我们应当注意，现实自我的获得实际上是一个自我知觉的过程。人们在自我知觉的过程中通常会犯以下几种错误。

第一，武断推论，即没有充分的依据，凭想当然下结论。比如，有些学习钢琴的小学生，只看到别人的成功，而没有看到别人付出的代价，以为只要自己学习钢琴，不付出代价也能获得成功。

第二，选择性提取，即只注意消极的信息。比如，一个因为胖而自卑的女孩，可能对别人挑剔的目光极为敏感，却对赞赏的目光非常麻木。

第三，泛化，即依据单一事件下结论。比如，一个人的生活有学业、品德、体貌、人际交往等很多方面，却只根据学业或体貌来给自己或他人下结论。

第四，扩大，即高估消极事件。比如，和同学为一件小事吵架了，事情并不严重，却总担心给别人留下坏印象。

第五，缩小，即低估积极事件。有些成绩不太好，却很有礼貌、爱劳动

95

的同学，总觉得不是教师和同学心目中的好学生，因为他没有看到好品质的价值。

第六，个人化，即对消极事件采取个人负责的归因风格，把不是自己的责任也揽到自己身上。例如，考试成绩不好，有时是因为题目太难，却责备自己没有学好。

第七，二分思维，即全或无的思维。要么肯定，要么否定；要么正确，要么错误。对自己、对他人总是做"好"与"不好"的简单化评价。

以上这些错误都会导致自尊降低。为此，我们应当引导小学生正确地认识自我，珍视自己所拥有的某种技能、特性和品质，从而有效地保护和提高自己的自尊。

7. 社会认知能力发展，集体意识不断加深

小学生的社会认知中的自我中心成分逐渐减少，对他人的认识也逐步趋于客观。随着儿童社会认知能力的发展，小学生社会交往的广度和深度都有了很大的发展。小学生的社会交往对象主要是父母、教师和同学。其中，同学关系是这一时期儿童社会交往发展的一个重点。小学阶段是儿童同伴团体开始形成的时期，心理学上又称为"帮团时期"。这一时期儿童所形成的同伴团体有两类，一类是有组织集体，如班集体、少先队集体等；一类是自发团体，如各种自发形成的小组、反社会的流氓盗窃团伙等。班集体是小学生有组织集体的主要形式。在教师的指导和帮助下，小学低年级的儿童就能形成团结的班集体，产生强烈的集体意识。小学生的同伴友谊也在各种有组织的、自发的游戏以及学习活动中不断加深。

小学阶段的孩子在人际交往上的表现是不同的，有的孩子活泼开朗，善于沟通，往往人缘比较好，大家都喜欢和他交朋友；而有的孩子缺乏合作意识，喜欢独来独往，往往很孤单。对于有好人缘孩子的父母，要帮助孩子树立正确的交友观，有选择地交朋友，正确地处理好朋友与是非之间的关系；对于子女缺乏合作意识、喜欢独来独往的孩子的父母，应该告诉孩子"独木不能成林，

众人拾柴火焰高" 的道理，鼓励孩子主动与人交往，关心周围的人和事，主动打开自己的心扉，和周围的同学交流，取长补短，共同进步。

◎ 儿童心理发展与心理卫生

心理健康教育与儿童心理发展是密不可分的。儿童的心理发展在小学阶段有其特殊性。小学生心理发展的特点归结起来有以下几点。

一、儿童心理发展

1．心理发展很迅速

在小学阶段，小学生的基本认识能力和个性、社会性都有了迅速的发展。这给学校心理健康教育提出了任务，也创造了良好的时机。塑造优良的个性，培养儿童正确的自我意识，良好的品德、行为习惯和社会交往能力，是小学生心理健康教育的重点。而抓住小学生心理正处于发展、尚未定型的时机进行心理健康教育，引导你的子女心理朝着积极、健康的方向发展，对于子女心理健康的发展能够起到事半功倍的效果。

2．心理是协调的

小学生心理发展虽然迅速，但是与中学生相比，其心理发展是协调的，真正出现严重心理问题的学生比较少。心理健康教育的重点是引导儿童心理朝着积极、健康的方向发展，预防心理问题的出现，而不是对心理问题的治疗。

3．心理是开放的

小学生的经历有限，内心世界不太复杂，他们还不善于掩饰自己的情绪，其心理具有较强的开放性。这为家长朋友们了解自己的孩子的心理提供了条

件。当处在小学阶段的子女心理出现异常时，家长比较容易发现，并有的放矢地进行心理健康教育。

4. 心理是可塑的

与逐渐成熟的中学生相比，小学生的心理发展和变化具有较大的可塑性，小学生个性当中的稳定的个性意识倾向，如人生观、世界观等尚未萌芽，性格也尚在形成时期，不好的品德、行为习惯可以通过一定的教育措施加以改变。因此小学时期是培养儿童良好的心理品质和行为习惯的好时机。

二、儿童心理发展问题的调试

1. 好打架

浩浩今年刚上一年级，是个聪明的小男孩，学习成绩也还好。但不到一学期，已经打了班里多一半的同学，用他的话说就是"班里总共40个人，我已打了20多个"。还挺自豪的。

他的妈妈又急又气，老师成天把妈妈找到学校"告状"，同学们一见他妈妈也是纷纷"诉苦"。可妈妈骂也骂了，打也打了，还是不能让浩浩住手，到底该怎么办呢？

原来浩浩的爸爸最喜欢看警匪片、武打片，浩浩从小就喜欢模仿里面的样子，成天"吼吼哈哈"，在幼儿园也有过打小朋友的"记录"，只是当时父母都想"大了会懂事的"。

著名教育家陶行知在当校长时，看到一个三年级的孩子打人，这位校长是怎么处理的呢？对我们家长朋友有哪些启示呢？

有个小学生在学校操场上打架斗殴，被学校校长看见了，这位校长及时去阻止他："小朋友，不能打架，下午四点你来我的办公室。"这位小学生立即停止了打架。

下午四点钟，他准时来办公室准备接受校长的处分。他刚进门，校长微笑

地对他说："我奖励你一块糖。"

他很纳闷："我做错事，怎么校长还要奖励我一块糖呢？"

校长说话了："我让你四点来，你准时来了，所以我要奖励你一块糖。"

校长说完又拿出另一块糖给他，他退缩了一步："校长，你怎么又给我一块糖呢？"

"我当时阻止你，你立即就停止了打架，说明你接受批评了，所以也要奖励你一块糖。"

这位学生哭了，含着泪说："校长，我……我……我……"

校长又给他拿出最后的一块糖说："我也听别人说了，你是看到别人欺侮其他小同学，你行侠仗义，值得赞赏。"

"可是我不该打同学啊，打人是不对的，我是来受训的，没想到你还奖励我，让我怎么感谢你呢？"

"好孩子，你已经认识到自己错了，这是你进步的开始，列宁还犯错误呢？何况我们每一个平凡的人呢？好了，你可以回去了。"

小同学怀着感激的心情走了。他最终记住了校长给他的奖励，不断努力学习。

这位校长的行为真令人崇拜，我非常欣赏他的为人方式和办事态度。家长们说呢？孩子年龄小，认知能力有限，言语不和用拳头说话的现象难免发生，不必大惊小怪。关键问题是，当矛盾出现后，家长应该有怎样的处理问题的方式方法。家长对事情的处理方式潜移默化地影响着孩子，因此我们提倡家长做个"灭火器"，对孩子的"公关危机"进行正确的引导。

家长遇到孩子打架应该如何做呢？

（1）冷处理。

孩子打架之后往往情绪波动很大，一方面缘于委屈，要寻找支撑；另一方面则为自己的过错寻找借口，逃避大人的责难，因此对事件的表述可能与事实有一定的出入。这时，家长特别需要冷静，弄清前因后果，然后采取相应的处

理方式，切不可盛怒之下责怪孩子"出手不够狠"，更不能自己冲锋陷阵替孩子"打回来"，这样肯定会助长自己的子女遇到矛盾时，不检讨自己的缺点、推诿责任的不良性格的养成。

（2）适当教育。

自己的孩子自己疼，如果确实是自己的子女受委屈时，更应该从着眼于培养孩子遵纪守法、宽容大度、能够正确处理人际关系的角度来处理问题。不妨先让孩子从怨气中解脱出来，然后多从自身找原因，教会孩子处理类似的矛盾。摆事实讲道理，用纯净的心灵、高尚的行为感染人，这样才是好孩子！

（3）行为塑造。

结合孩子年龄越小越容易凭感觉行事，而自身控制能力有限的特点，首先尽可能地通过实际情境，来让孩子感受打人的"不好"，然后实施代币法，对孩子良好的行为进行奖励，强调家庭成员的协调一致，并争取到老师的配合。比如当孩子遇到冲突时没有用打架的方式来解决问题时，家长可以适当地给予孩子表扬或者给孩子买些他喜欢的物品。

我们可以看到，孩子因为特定的年龄、特定的心理需求会选择特定的行为方式，儿童的后天行为基本上是成人"培养"的结果。因此在家长对儿童的行为进行是非、好坏等评判之前，应先看到行为对儿童成长的合理性，想到我们在这一行为产生过程中的作用。

2. 说谎

小学生说谎是一种较为普遍的现象，诸如学生因为没有做家庭作业，用"忘在家"、"忘了带"等说法；因为想买零食而向家长要钱，说是学校要收费；等等。作为老师和家长矫正孩子的说谎现象责无旁贷。

以前的老人们常常用《狼来了》的故事来教育小孩子不能说谎。这充分说明了人们对儿童说谎这个问题的重视。因此，若自己的孩子或学生爱说谎，家长与教师对此就会十分敏感。特别是对那些经常信口说谎，毫不脸红的儿童，大家更是感到不安和担忧。

尚在幼儿时期的孩子，由于他们还分不清现实与幻想的区别，因此他们的"说谎"，实际上是自我想象的产物，是一种不符合现实的"谎话"，这种情况与诚实不诚实没有多大关系。如果这时家长或保育员对他们加以批评和责备，反而会向孩子暗示怎样可以有意识地说谎。因此，对在幼儿时期孩子的说谎，老师与家长可以不必在意，只要稍加引导就可以了。

当儿童到了学龄期后，说谎往往都是有意识的，对这时他们中的某些人的信口说谎行为，我们就必须加以高度的重视。

案例1

都不说实话

值周教师听到六年级（5）班教室内有学生在大声喧哗吵闹，并有用重物击打课桌的声音，便前去查看询问，当时在教室内仅有的四名学生全都扮出一脸的茫然，表示不知道发生了什么事情，自己没有吵闹，也没有看到甚至听到有人吵闹。同样的现象还有：楼道内玻璃碎了，当时在场的学生都说不知道是谁打碎的；教室门锁被撞坏了，全班学生没有一个人把看见的情况讲出来；个别学生结伙进网吧，一般都查不出来是谁；等等。

案例2

他习惯性说谎

五年级（6）班的小鹏长得很可爱，也很聪明，家里对他很娇惯。他多次向同年级（1）班的小前"借钱"，有一次没有借给他，就动手打了小前。老师知道后向小鹏询问情况，小鹏先说只是在和小前闹着玩，又说他们是互相打架。经质证，小前根本没有动手。小鹏又说是小前找社会青年打了他，还敲诈了他的5元钱，他才打了小前。诉说的过程中小鹏浑身颤抖着哭泣，显得非常气愤和委屈。

老师告诉他，不论什么事，应当说实话，哭泣没有用。于是他不再颤抖了。

老师还告诉他，他打小前不对，但是这是同学之间的矛盾。而社会青年打他，还敲诈钱则是犯罪行为，要带他去派出所报案。

小鹏一听要去报案就急了，改口说钱是自己自愿给那个社会青年的。

老师说即使是他自愿给的，性质也一样，必须报案。

小鹏又说钱已经还给了自己等等。

又经多方质证，小鹏才终于承认他说的都是谎话。实情是因为家庭的娇惯，他在同学之中比较霸道，又仗着自己的表哥在本校九年级上学，经常欺负同学。

孩子说谎的主要原因有以下几点：

（1）为了逃避批评或责罚。

这种说谎是为了逃避家长与老师的批评或责罚的一种自我保护行为，比如破坏了东西、学习成绩不好、偷拿了小朋友的东西等等，如果说了实话，等待他们的往往是父母与老师的严厉批评甚至是处罚，为了逃避这种不愉快的现实，他们就会采取说谎的办法来进行自我保护。特别是在要求严厉的老师或家长面前，他们更是爱说谎。这时，如果父母与老师对他们的谎话穷追不舍，非要弄个水落石出的话，就会促使他们说谎的水平一次比一次更高明，形成恶性循环，有的青少年最终因此而走上了犯罪的道路。

所以，老师与家长遇到儿童说谎时，首先要弄清他为什么要说谎，这是非常重要的。一般说，儿童在比较宽容的成人面前不爱说谎，因此，我们应该努力与儿童建立起一种亲密的互相信赖的关系。当儿童说出真相后，我们决不可凶神恶煞般地马上加以训斥甚至处罚，相反地，我们应该和蔼地与他们娓娓面谈，用爱去消除他们心中的疑虑，使他们明白说谎的危害，知道诚实的可贵，教育他们以后不再说谎。

（2）为了提高自己的地位。

有的小学生说谎是为了使自己在与小朋友、老师和父母的交往中，处于一种有利于自己的地位。比如说自己的成绩不好，却在同伴面前说自己考得如何

的好；明明自己家里经济条件一般，却在小伙伴面前总说自己家中如何有钱；明明自己没到过某地旅游，却自吹到过某地旅游还看见了什么景色；还有的会乱吹自己的父亲当多大的官，在社会上如何有地位；等等。

这种说谎虽然只是暂时的，也不会造成什么严重后果。但是还应该提醒家长注意：家长应该注意自己平时表现出来的是非价值观念。如果家长成天追求的、谈论的、赞赏的全是社会地位、物质财富，孩子也必然会受到影响，不切实际地在其他小朋友面前制造种种谎言。家长在儿童面前应该有一个良好的形象，同时教育孩子不要因为爱慕虚荣而说谎。尤其是这种谎言总有被揭穿的一天，到那时，为了提高自己的地位的行为反会引来更多人的蔑视。

(3) 模仿性的说谎。

在这些小学生的家中，如果他们的家长经常说谎，孩子多半也不会诚实，有些家长当着自己小孩的面，就经常不说实话。例如，来了电话，父亲就对孩子说："如果有人找我，就说我不在。"另外，如果这些大人喜欢夸大其词，把一件微不足道的事情吹得天花乱坠，孩子受此影响也会不知不觉地进行模仿，效仿大人吹牛说谎。

所以，对此我们应该提醒家长做深刻的反省。要教育孩子不要说谎，家长首先应该以身作则。当听到孩子有夸大其词的表现时，大人不能听之任之，应该及时纠正，澄清事实。但是不要简单地只对孩子说说而已，而应该帮助他们学会正确表达陈述事实。

(4) 反抗性的说谎。

这种说谎往往在个别儿童心里不满的时候表现得尤为突出。如当家长或老师要他们帮忙做点事时，虽然他们有空，却因为不愿意做，而编出自己有很多事要做的理由，拒绝家长或老师的要求，这种说谎一般是偶然现象，而且大多发生在家长或老师要求他们做自己不愿意做的事情，或者是他们心中正处于对老师或家长有不满情绪的时候。

对此，我们做大人的应该首先反省一下自己的态度和做法，了解儿童是为

什么事情而产生的不满，并有针对性地进行教育。

（5）出于报复目的而说谎。

当儿童感到自己受了某种不公平的待遇或委屈时，有的儿童会采取一种报复性的说谎。例如，某个孩子长期与另一个孩子处得不好，或经常受到那个孩子的欺负。他就有可能出于报复而故意向老师说谎，说那个孩子做了什么坏事、说了什么坏话等等。

对此，我们一定要弄清事情的真相，切不可轻易下结论随便冤枉孩子。否则，孩子会对所有的大人都失去信任，反而更加爱说谎。

但从小学生心理发展的过程和他们的发展环境来分析，他们中存在的习惯性说谎的行为和造成严重不良后果的说谎行为，有着更深层次的原因。

第一，利害计算水平较低。

利害计算水平指对行为与后果之间利弊的权衡能力，是判断是非的基本能力。认知发展水平决定利害计算能力的水平。小学生处在具体运算向形式运算的过渡阶段，他们不能正确认识事物之间的联系，也不能正确地判断利害关系，往往导致利害计算失准。因此，他们以为自己的谎言可以蒙蔽家长的心志，认识不到谎言会被轻易地识破，而谎言如被识破又以为是因为自己编谎的技巧还不高。他们只顾眼前的利害，不计长远后果，生活中他们学会了说谎，却不能区分善意的谎言和有严重后果的说谎行为，不能通过利害计算把握分寸。

第二，家庭教育方式不良。

常见的不良家庭教育方式有溺爱、过于严厉和过分苛求。溺爱孩子，使孩子的不良行为受到不适当的包容和原谅，对孩子的谎话视而不见，说谎行为得到纵容。过于严厉则不允许孩子有任何过失，一点小的过错都有可能招致责备甚至严厉的惩罚。这样做的结果，要么使孩子变得缩手缩脚、胆小怕事，要么产生逆反心理，千方百计地用一次比一次更高明的谎话来掩盖自己的行为。过分苛求源自不适当的期望，家长望子成龙、望女成凤，希望自己的孩子处处比

别人强，一旦达不到要求，则表现出失望甚至冷漠，使孩子在达不到家长的期望时，就可能编造谎言，报喜不报忧，用谎言满足家长的期望。

第三，学校的管理行为过于苛刻。

俗话说，没有规矩不成方圆。每所学校都有校纪校规，这些校纪校规，维护着校园正常的教学秩序。由于中小学校纪校规针对的是义务教育阶段的青少年学生，对不同程度的过错行为的惩罚只能大致相同。小学生中最多的和最常见的是小失误和过错，如迟到、忘记佩戴红领巾、不完成家庭作业、打架等。有时为了严肃纪律，就可能产生一些过于苛刻的管理行为。

如：一个学生迟到或忘记佩戴红领巾，被值周教师查到，会在会议上点名，并扣除班级的管理分值和班主任的考核分值，这个学生轻则受到班主任的批评，在班内扣除操行评分，重则班内检讨、罚做清洁卫生、请家长到校受训。学校管理在这些小过错上的严厉、频繁的惩罚，造成学生对惩罚的恐惧心理，使学生分不清是非轻重，只是一味地小心不违反纪律，一旦违纪，就要想办法用谎言掩盖行为，逃避惩罚。

这样过于苛刻的管理，使学生关注的是过错行为是否被发现，而不是行为本身和说谎行为可能导致的其他不良后果。学校管理从培养学生良好的行为习惯出发，却导致了学生不诚实的行为，产生了负面效应。

当然，小学生说谎的原因是多方面的，并且应该看到小学生说谎现象也是客观存在的。作为家长应该如何对症下药，让孩子克服说谎这一缺点呢？

（1）正面引导，以理服人。

伟大领袖列宁8岁时在姑妈家因打碎花瓶而说谎，这是众所周知的一个故事。可取的是列宁的母亲在问清了原因之后既没有打他，也没有骂他，而是和风细雨地和他谈了谈，让他自己反思。经过一番矛盾斗争，列宁认识到了自己的错误，并且给姑妈写了一封信，承认了自己的错误。这件事影响了列宁的一生。由此可见，正面引导，以理服人能从根本上让孩子克服说谎的陋习。因此，在遇到孩子说谎时，家长要帮助孩子分析导致说谎的原因及其产生的后

果，提出改正的方法，循循善诱、以理服人。不难设想，在苛刻教育子女的家长面前，孩子是没有勇气承认自己的错误的。可以说，除了撒谎，孩子别无选择。

（2）重视初犯，防微杜渐。

对于经常说谎的孩子来说，他的这种不良习惯也是日积月累积淀而成的，而一旦形成，纠正起来就比较困难。因此抓住孩子的第一次说谎，进行及时的引导和教育就显得尤为重要。防微杜渐才能防患于未然。

一般说来，孩子第一次说谎总会忐忑不安。孩子的心理是矛盾的，他们大多知道说谎是不好的，但又缺乏承认错误的勇气，生怕说出真相而招致蔑视，甚至影响前程。如果这次能侥幸过关，其说谎的胆子就会越来越大，说谎的"水平"也会越来越高，直至某次东窗事发才深感悔之晚矣。

那么，家长如何防微杜渐，处理好孩子第一次说谎呢？关键在于家长平时要做有心人，目光要敏锐，发现说谎苗头及时采取措施，加以正确诱导。

（3）以身示范，以德示人。

心理学的研究和教育实践表明，一个人早期在思想品德上受到的潜移默化的影响所形成的道德观念，对一个人品德的成长影响极大。小林在班里经常小偷小摸，对他询问谈话，总是振振有辞，满口狡辩。通过侧面调查他的家庭，了解到他的父亲有一次偷了人家的手机，为了怕被发现，他教小林在别人面前说是捡到的。俗话说，上梁不正下梁歪，父亲的这种做法使自己的孩子不知不觉地染上了说谎的坏习惯。由此可见，家长必须注意自己要诚实做人，为子女以身示范，使孩子养成诚实的良好品质。

（4）家校联系，一致教育。

学校教育与家庭教育的不一致，常常是产生学生不诚实行为的重要原因。教师与家长的各自为战也使学生有机可乘。例如，有一个孩子上学经常迟到，问其原因，他总说家里忙，饭总是吃得很迟，后来通过家访发现事实并非如此，而是他在上学的路上因贪玩所致。在老师和家长的共同配合下，这个孩子

承认了自己所犯的错误，从此再也不迟到了。

家长应该从多方面来分析原因，得出解决问题的策略。同时还要讲究教育艺术，从而真正使孩子心悦诚服地接受教育、改正缺点。

3．自私心理

一幕学校组织的春游休息场景：

和煦的阳光暖暖地照着大地，游玩了半天的孩子们有些饿了，于是围成了一圈，纷纷拿出自己带来的美食津津有味地吃起来。看到有这么多好吃的，老师建议大家把自己带的东西拿出来和同学们一起分享。然后大家行动起来，有的把自己的东西从袋子里只拿出一点点，有的半天不肯拿出来；有的先看看别的同学带的什么东西，然后再决定是否进行交换；有的干脆不拿自己的只吃别人的……如今的小孩怎么这么自私呢？

目前我国独生子女家庭已占了绝大部分，而不少的独生子女的自私行为已经成为其成长过程中的绊脚石。这种不良的心理和行为表现，将会对子女的身心健康和道德走向产生极大的负面影响。自私行为已经成为广大少年儿童中普遍存在的道德缺陷。

仔细想想现代的孩子，大多数是独生子女，在现代家庭中处于4：2：1（祖辈：父母：孩子）氛围，父母、祖父母及外祖父母像围绕太阳般的呵护，使孩子以自我为中心的意识增强，吃要吃好的，穿要穿好的，玩要玩高档的玩具。许多家庭中的一切行为以独生子女的情绪变化和要求为中心，如果达不到要求，动辄耍脾气。不少家长一见家中的"小皇帝"发脾气了，不管要求是否合理，一切服从孩子，这就滋长了儿童自私观念的形成。就这样，孩子不知不觉地以家庭的"中心人物"自居，久而久之便形成了自私的性格。

应该怎样帮助孩子矫正自私的心理呢？我们向家长提出以下建议：

（1）故事引路、树立榜样。

好故事，能在儿童幼小的心灵中留下深刻印象，有的一生都不会忘记，并能成为他日后做人的准绳。故事内容也丰富多样，选择有关褒扬人性无私或者

抨击人性自私的故事，使幼儿在故事中找到自己学习的榜样，也看到自私行为受到的鞭挞。当孩子表现出自私心理时，家长朋友们就可以运用故事来引导，以此激发他改正由于自私心理而导致的不良行为。

例如：在战争时期，一位13岁的小红军小兰在随部队一起前进的时候，好不容易得到了一袋干粮，却在过一座桥时为照顾一位伤员不慎将那袋干粮掉入河中冲走了。为了大家有足够的干粮吃，她谁也没告诉装作没事发生一样，她拔了许多野菜塞入挎包，塞得鼓鼓的。不久她的身体就不行了，护士长发现她吃挎包中"干粮"的事后，大家知道了事情的真相，于是大家每人分了一点干粮给她，让她体会到了家的温暖……故事虽小，内涵不小。这些点点滴滴的细节、小故事却能够反映红军战士们的优秀品质——不怕苦、坚强、无私、热心……小兰，她只是一个13岁的小女孩，却有男孩一样坚强的意志；知道体谅他人。在她没有粮食之际，她大可伸手向战友们要一些，可她没有这么做，她选择沉默，不告诉任何人，自己吃苦。此刻，她脑海里想的只有战友的利益而忽略了自己。一个小兰尚且如此，可想而知，我们伟大的红军整支队伍的品质了。

(2) 勿指责、宜启发。

当您的孩子刚刚表现出自私行为时，立即的强烈责备反而不好，应给予提醒和启发。启发是在轻松愉快的气氛中进行，提出一些幼儿容易理解的问题，让儿童通过思考来理解人人都喜欢不自私的人，自私的人不受欢迎，以便帮助幼儿克服自私心理。

"我年纪小所以挑最小的梨子，大的留给哥哥吃。"这是《孔融让梨》中最为经典的一句话。这个故事之所以至今仍被传为美谈是因为谦让是一种美德，它既是对别人的一种尊重，同时也获得了别人的尊重。孔融小小年纪在分配食品时，表现出谦让他人不自私，实属不易。

在家庭中也是一样的道理。听听一个孩子的讲述：

"可我们家却偏偏'歪风'盛行。我们一家四口都爱吃清炒土豆丝。有一回，妈妈炒了一大盘土豆丝，我们几个争先恐后地大吃起来，完全把还在炒菜的妈妈忘到九霄云外去了。等菜上齐了，妈妈正想大饱口福时，发现她最爱的土豆丝不见了，她脸一沉，把筷子一摔，怒气冲冲地说：'你们能不能懂一点谦让哪！这顿饭我是吃不下了，都被你们气饱了。'

就这样，妈妈赌气一天不和我们说话，饭也不做，我们都饿得饥肠辘辘的。妈妈平时最疼的就是我，爸爸和哥哥只能派我去做'说客'。没办法，谁让我们是一条船上的人呢。我向妈妈道了歉，妈妈让我坐下，语重心长地对我说：'我其实并不是为了没有吃到土豆丝才生气的，我为的是你们父子兄妹之间竟不懂谦让，看你们那天争来抢去的样子，真是让我太失望了。谦让是中华美德，谦让是一种有教养的表现。养成这样的习惯，你和哥哥成人之后才会受人尊敬。'"

(3) 在游戏中获得真情实感的体会。

爱玩是孩子的天性，儿童没有不喜欢游戏的。游戏是他们的社会化的重要途径。孩子的性格品质、人性特征是无私的还是自私的，在游戏中能够得到淋漓尽致的表现。为了纠正儿童的自私心理，在游戏中，由家长或安排儿童扮演"自私人"的角色，夸大自私的行为。角色游戏还可以使孩子从经历中获得自私心理和行为给他人带来的伤害的真情实感。通过孩子的换位思考，懂得自私可能给人带来的伤害，从而促使他改变自私的心理和由此产生的行为。

组织儿童开展"大家一起玩"的游戏，在游戏中提供一辆玩具车和若干大小不一的饼干，向孩子们提出，当有"客人"来"娃娃家"做客时，"妈妈"、"爸爸"和"宝宝"应当怎样分配这些玩具和饼干？在游戏的过程中，启发他们学习谦让，把玩具车送给客人玩，把小饼干留给自己，让儿童在语言表达的同时，谦让的行为也能随之产生。

在玩"书报亭"的游戏时，准备数量较少的图书，如果有的孩子拿到了书，有的孩子没有拿到，就可以问拿到书的孩子："别的孩子没有书看怎么办呢？"让孩子通过思考，自觉产生谦让行为，有的孩子会说："把这本书给他

看吧！"并将书递给没书的孩子，对这些有谦让言行的儿童进行表扬，以激发其他儿童产生谦让行为。

（4）表扬激励与适当批评。

在日常的生活中，通过表扬激励与适当批评纠正子女的自私心理和行为。

一位女孩的母亲叙述道："我的女儿个子小小的，可是她有一个毛病，就是同学谁也不许动她的东西，否则就要向老师告状，或者和同学吵架。为了帮助孩子改正这种自私、小气的毛病，不影响她与同学的关系，我们夫妻俩确定了以鼓励为主的教育方法，并与孩子的老师联系，请老师对孩子的每一点进步给予肯定。一次，孩子把自己的橡皮借给了同桌使用，老师表扬她说：'文文同学能主动把自己的橡皮借给同学，比以前有了很大的进步，同学们是不是给她点儿掌声鼓励鼓励？'全班同学齐声说：'好！'同学们一鼓掌，我的孩子反而不好意思地低下了头。这以后，文文不再自私吝啬，经常把自己的东西借给同学用，受到了同学和老师的夸奖。"

4．意志薄弱

家长朋友，您的孩子有没有下面的一些情况：在学习方面：上课时，稍有动静就转移注意力，不是走神，就是做小动作或是因为有些知识听不懂，干脆睡大觉。在作业中碰到困难，如有不会做的题目，就垂头丧气，不愿意多看书、多钻研，从而完不成当天的作业；自己也知道应该抓紧时间学习，先做作业，后玩，可做作业时，控制不了自己，一会儿学习，一会儿又干别的事。经常立志、下决心，但是情绪不好或是遇到挫折时，则又灰心丧气，什么也不愿意干。

在行为品质方面：有的学生违反纪律，迟到、早退或打人骂人等等，经过教育后知道自己错了，感到后悔，表示决心改正。但是在改正错误的行动上，往往缺乏坚强的意志和毅力，常常有曲折和反复。例如，蔡某，十分好动，几乎没有一分钟是安静的，他本人也知道这样做不对，自习课应该认真地做作业，可就是意志薄弱，缺乏毅力，无法长期地严格要求自己，总是改正了两天

就又恢复原样了。课上也是，老是有小动作和小话，老师刚刚批评完他，三分钟以后就又犯了，就是缺乏严格的自控能力。

作为家长应该如何帮助子女增强意志力呢？

（1）帮助子女明确学习目标，培养实现目标的意志品质和毅力。

作为学生，要懂得"少年不努力，老大徒伤悲"的道理。在年轻的时候如果不好好学习，没有掌握科学知识，将来会一事无成，终将被日益发展的社会所抛弃。而学习、掌握知识是个艰苦的过程，如果不付出艰辛的劳动，将一无所得。要记住"天将降大任于斯人也，必先苦其心志，劳其筋骨，饿其体肤，空乏其身"的道理。

（2）培养孩子养成良好的学习习惯，做到"今日事，今日毕"，按时完成当天的学习任务。习惯成自然，养成习惯，就会培养起孩子的毅力。

（3）培养孩子广博的兴趣。兴趣是最好的老师，是人行动的内部动力。我们总会看到对学习有兴趣的孩子勤奋学习的身影，对某一学科感兴趣的同学，也总是不顾一切地拼搏、学习。因此，要培养孩子对学习的兴趣，把学习当成一件给自己带来愉悦情绪的事情，那么就会培养起坚强意志力。

（4）要经常督促孩子。当在学习上松劲时，家长要时常鼓励孩子：这一点困难算不了什么，你若坚持下去，一定能取得好的学习成绩。再坚持下去，一切都会变好的。给予孩子信心。

（5）为孩子树立具有坚强意志品质的同龄人的榜样。鼓励孩子要经常向周围有毅力的同学学习："别人能做到的事，你一定也能做到。"这样，在学习上、生活上就会培养出坚强的意志力了。

5. 偏食

有的家长抱怨孩子有偏食的习惯，猪肉不吃、羊肉不吃、牛肉不吃，芥末、大白菜、香菜、韭菜统统不吃，只爱吃鸡肉、鱼、虾和扁豆，这可怎么办呢？

某调查发现有36.7%的小学生经常吃零食，50%的小学生偏食、挑食，主

要是偏食营养密度低的糕点、膨化食品、快餐食品以及糖果饮料类食品。孩子们存在吃零食、挑食、偏食的习惯，一方面与他们自制能力差有关，同时也与家长溺爱、缺乏营养知识以及家长忽视对孩子进行营养知识教育有很大关系。医生表示，长期食用能量高、营养密度低的零食会使血糖很快升高，产生饱腹感，影响正餐进食，对儿童的营养状况无益；同时过多的食用零食会促进偏食的发生，可直接影响某些营养物质的摄入，进而影响机体的生长发育。因此，家长应该在这方面多加教导，改变孩子不良的膳食行为，帮孩子养成良好的饮食习惯，使儿童能够获得更多营养丰富的食物，健康成长。

要改正孩子的偏食行为，家长应尽可能做到以下几点：

(1) 家长自己不要偏食，以免孩子"上行下效"。进餐时给孩子讲某种食物对人体的益处，或做出很好吃的样子，以增强孩子的食欲。

(2) 把食物做得美观一些。我国的饮食文化中，常常强调色香味俱全，但是，我们平日里总是很少顾及色，至于美观更是谈不上了。为什么菜谱中的菜总是显得很诱人呢？那漂亮精巧的摆设、青黄红绿各色的搭配无不使人赏心悦目，也在无形中增加了人的食欲。因此，建议家长多在菜的色香味上下工夫，使孩子胃口大开。

(3) 家长在做菜时，尽量不要做得过多。人的心理往往很奇怪，人们多把得不到的东西视为最珍贵之物。同样，在饮食上，人们也易产生这种心理。所以，家长可以利用孩子的这种心理，每种菜做得少一点儿，花样多一点儿，以此来吸引孩子吃的欲望。

(4) 培养餐桌上轻松愉快的气氛。前段时间，人们常爱说"吃环境"、"吃文化"等时髦的词儿，这说明人们在进餐时有时更多地注意当时的环境和氛围。如果家长能精心营造饮食环境，创造一种开心、轻松、愉快的气氛，这样会大大地提高孩子的食欲。

当然，在进行上述四点措施时，最好先向儿童讲明科学进餐的重要性。目前，世界各国都很重视食物品种的多样化。美国的膳食指导方针里，第一条就

是食物的多样化，日本甚至提出了每人每日至少要吃30种以上的食物。由此可见，进食的多样化已成为"饮食革命"的重要内容。向孩子讲明道理以后，再辅以各种矫正办法，就会收到较好的效果。

6. 爱嫉妒

很多学龄期儿童都有嫉妒的表现。比如，当孩子发现别的小朋友被大人抱着，而自己没人抱的时候，往往表现出嫉妒行为，或者发现自己的父母领着别的小孩子的时候也会嫉妒，有时候会不愿意和小朋友玩。

可是如果孩子已经好几岁了，嫉妒心还特别强的话，就必须引起家长的重视。因为这种毛病长大后继续存在的话，会带来种种心理障碍和不良的人际关系，对孩子的生活非常不利。

父母首先要认识到，一定的好胜心能促使孩子在生活学习中更加努力。但是，如果好胜心过强，就会发展成嫉妒心理，看到别人超过自己就不服气，心里就觉得不舒服，甚至怨恨别人。嫉妒是一种比较复杂的混合心理，其中含有焦虑、恐惧、悲哀、消沉、猜疑、敌意、怨恨、报复、羞耻等成分。从本质上看，嫉妒是一种不健康的心理状态，它带来的后果往往是竞争、攻击和对立，嫉妒心理对孩子之间发展正常的交往具有不良的影响，会妨碍孩子的进步。

因此，父母一定要帮助孩子走出嫉妒的误区：

（1）找出导致嫉妒的直接原因。

父母关系不和，家庭教育方式不正确，父母对孩子的要求不一致，经常拿孩子与邻居、亲戚家的相比较，老师在处理孩子间的纠纷时不够公平等等，都是孩子产生嫉妒心理的直接原因。

（2）父母要向孩子讲明嫉妒的危害性。

嫉妒不仅影响孩子间的团结，而且对自己也没有好处。应当认识到嫉妒的本质和危害，因为人人都需要与同伴接触和交流，而嫉妒却有碍于人际关系的和谐和自己的进步，发展下去既会害别人，还会毁了自己。

（3）父母要激发孩子的竞争意识和自信意识。

有嫉妒心的孩子往往有某方面的才干，争强好胜，却又自私狭隘。父母可以充分利用其争强好胜的特点，激发孩子的竞争意识和自强观念。与孩子一起进行自我分析，帮他找出自己的优缺点和赶超对方的方法。

（4）父母要培养孩子的热情、合群的性格和集体主义观念。

让孩子充分认识到集体和朋友间友情的美好和重要，使孩子乐于去帮助别人。

（5）父母不要溺爱孩子。

因为溺爱是滋生嫉妒的温床。在日常生活中，父母应经常表现出对别人的宽容。

7. 不爱劳动

一个家长的叙述："我的孩子都10岁了，可是一点家务活都不会干。她的衣服得我洗，甚至手绢、袜子也要我洗，自己的房间乱得像狗窝一样，可她每次出门都把自己收拾得干干净净。有时我忙起来，没及时洗她换下来的衣服，她就对我又叫又闹。真令我们家长筋疲力尽，您说我该怎么办？"

未来社会需要自立意识和能力，家长必须注意培养孩子的劳动习惯和能力。

面对不爱劳动的子女，给家长以下的建议：

（1）让孩子学会自理。

纠正子女不爱劳动的缺点，培养劳动习惯从让孩子学会自理做起。家长要教育孩子学会自己的事情自己做，鼓励他们生活、学习自理。比如，让上学的儿童自己穿衣裤、穿鞋、系鞋带，自己打水洗脸、漱口，自己修铅笔、包书皮，自己收拾书包、装饭盒带水，自己叠被、收拾床铺等，等稍大一些，还要自己洗衣裤，整理房间等。自理能力是其他劳动能力的基础，很难想象，一个自己的事情都不会做的孩子怎么能够帮助他人或者为集体做事情呢？

现在的孩子大多是独生子女，都是家里的掌上明珠，需要孩子自理的事

情，许多家长越俎代庖都包下来了。家长过多的溺爱和照顾，减少了对孩子生活自理能力的锻炼，让孩子形成了懒惰、自私、娇气、不爱劳动的坏习惯。所以，培养孩子未来所需要的自立意识和能力尤为重要，而劳动习惯的培养就是纠正儿童不爱劳动的有效手段。

比如：儿童的脏袜子要求孩子自己洗，当孩子因为不愿意洗而哭闹时，家长应及时地手把手地教给孩子正确洗的方法，让他自己学着洗，并告诉孩子要学会自己的事情自己做。发现孩子洗得很认真、学会了洗袜子，家长应给予一定的认可或是表扬，让孩子对自己充满信心，使孩子不但乐意干，而且会干得好。

(2) 通过一日生活活动，培养孩子的劳动习惯。

每位家长都望子成龙、望女成凤。经常有这样的家长教导孩子：只要你好好学习，要什么都给你，家里什么事情也不用你做。在许多家长看来，孩子唯一的任务就是学习，学习好是成才的唯一条件。而劳动是孩子的负担，参加劳动必然影响学习。其实，这是家长认识的误区，孩子从小养成劳动习惯，对孩子不是负担，相反的，孩子爱劳动的习惯、能力还会迁移到今后的学习上面去。家长应该在周末孩子有时间的时候，教会孩子一些简单的生活劳动，比如，教孩子扫地、擦地、刷碗、叠被子等日常的劳动，还可以教会孩子喂鱼、浇花等，给孩子劳动锻炼的机会。

(3) 通过模仿，让孩子懂得一些劳动知识和劳动技能。

好模仿是孩子的天性，家长平常的勤劳、卫生习惯，给孩子们做出了榜样。所以，孩子做的许多事情都和家长的做法相似。孩子就是家长的一面镜子。因此，作为家长更应该把一些相关的知识和技能教给孩子们，让孩子们懂得应该怎么做。比如说：在孩子洗手时，家长应告诉孩子要怎样洗手，洗完后用手巾擦干。除此之外还有叠被子、穿鞋子、整理床铺、洗小衣服等，家长都应该细心地通过各种活动进行随机教育。

节假日可以带孩子到植物园里，让孩子观察花、草、树、木。也可以让他

们自由选择自己喜欢的种子，在家里花盆亲自种植，并不断地浇水、施肥，参加劳动的全过程。随时让孩子观察自己种的植物有了什么变化。让他们体会到付出了辛勤劳动能换来丰硕的果实。这样会大大增强孩子的责任心和自豪感。也可以在家里喂养一些孩子们喜欢的小动物，让孩子观察这些动物吃什么、怎样喂养。孩子们就会喂小动物一些喜欢吃的东西，这样做同时也增强了孩子的同情心。

（4）培养幼儿良好的劳动习惯。

孩子生活在不同的家庭中，家庭教育也不同。有的家长注重孩子的劳动培养，所以孩子的自立性很强，而有的家长不重视孩子的劳动培养，过分溺爱孩子，什么事都包办，以致孩子连最基本的自我服务能力和劳动能力都不具备。无论是哪种习惯的养成，都离不开家长的配合，尤其是劳动习惯的培养更离不开家长的配合。

有一家庭中六岁的儿子只注重自己和自家的整洁干净，公共场所的清洁卫生观念却几乎近无。有一天竟把一簸箕垃圾倾倒在公共楼道上，心安理得地关上门了事。妈妈想：给他讲大道理也不一定有用，索性自己操起一把大扫帚将儿子倒在楼道里的垃圾扫起来。儿子立在一旁先看了一会儿，试探性地嘟囔："如果我扫干净了，马上又会变脏的。""可只要你坚持扫地，每个人都不乱丢东西、乱扔垃圾，公共楼道上一定会像家里一样干净。如果你乐意扫的话我会陪着你。"时间没过多久，儿子就很乐意地扫楼道了。

8. 粗心大意

孩子生活马虎、粗心的毛病，一般是因为家长没能在小时候多加培养，没有让孩子养成细心认真的好习惯所导致的。粗心的毛病容易给人带来麻烦，不但会影响孩子的学习成绩、升学考试，还有可能给人们的生活带来不幸，给社会带来灾难。例如，在精密的航天设计、装备过程中，如果因为马虎而看错了小数点，或者粗心大意装错了零件，由此而造成的损失和灾难将是难以估计的。如此看来，"小马虎"从表面上看似乎不是什么大毛病，但

若不及时纠正，却可能造成严重后果。

引起马虎的原因，与家长和儿童两方面有联系。

在家长方面，如果在儿童幼年时期没有对他们进行过系统的训练，或是常让孩子一心二用，边看电视边写作业，或是让孩子在一个嘈杂混乱的环境里学习，都有可能养成儿童粗心马虎的毛病。在儿童方面，表现为缺乏责任心，对学习、考试不够重视，稀里糊涂、粗心大意。所以，建议父母们细心观察，先找出孩子马虎粗心的原因，然后再对症下药。

要孩子克服马虎的毛病，需要家长、老师的指导和帮助。尤其是才上小学一二年级的孩子，他们还不能完全适应新的校园生活，对大量的课程和考试还都很陌生，还没有养成应对学习、考试的良好习惯，这就需要家长和教师在日常的学习生活中多加引导。

要纠正子女马虎、粗心大意的毛病，建议家长从以下几方面做起：

（1）培养儿童的责任心。

责任心是任何人要做好一件事情的前提，可以说如果没有责任心，对什么事情都敷衍了事，草草出兵，草草收兵，必然做不好。有了责任心以后，才会谨慎从事，细致认真，不敢有半点儿马虎。要培养儿童的责任心，光靠说教不行，要靠平日里的习惯培养。比如，在家里父母可以给儿童派一样劳动，让他负责扫地或洗碗，这就是他的责任，干好了要给予鼓励或奖励，干不好家长不能客气，应要求他重来一遍，直至干好为止。总之，就是让他对自己的一摊子事负起责任来。这样，就会逐渐地培养起儿童的责任心，在遇事时不至于敷衍了事。

（2）培养儿童整齐有序的生活。

许多生活习惯都是儿童长期培养起来的。如果一个儿童生活在杂乱无章的家庭中，什么东西都可以乱放，没有固定的作息习惯，就会使儿童养成粗心、马虎、无序的生活习惯。所以，建议家长们在家庭中创造一种有序的生活，做什么事情都要尽量有规律，不要打破"陈规"，家里的摆放要整齐，

有固定的地点。在生活上养成了谨慎的习惯后,在学习上也会逐渐细心起来。

(3) 培养儿童集中精力的好习惯。

有的家长,不管孩子是不是正在学习,都把电视机开着,或者自己打牌搓麻将,这些做法都会造成对儿童的干扰,使他不能集中精力去学习,久而久之,儿童便养成了一心二用的坏习惯。有的儿童放学回家以后,总是先打开电视,然后边看边写作业,或者耳朵上戴着耳机,一边摇头晃脑地唱着歌儿,一边做习题。试想,这样怎么能聚精会神呢?不马虎才怪!

(4) 引起儿童对考试的重视。

虽然我们曾多次呼吁家长和老师不要过分看重分数,不要给孩子增加太多的考试压力,但这并不意味着让孩子轻视考试,对考试漫不经心。考试毕竟是检验孩子学习状况的一种手段,应该让孩子重视起来。

(5) 培养孩子认真的习惯。

有些儿童马虎,是和性格分不开的,尤其是性格外向的孩子更易患马虎大意的毛病。所以,更需要家长在性格上多加培养,引导他们遇事认真、谨慎。

9. 吮手指、咬指甲

吮手指和咬指甲是儿童期发病率较高的一种心理运动功能障碍。美国一位心理学家调查表明,在6～12岁的儿童中,"经常"和"几乎整天"吮手指的儿童的发病率为12%,而咬指甲的儿童的发病率则高达44%。

有统计表明,90%的正常婴儿都有吮手指的行为,特别是儿童长牙的时候,这是正常现象。一般说来,儿童到2～3岁后,这种吮手指的现象就会消失。但如果过了这一年龄段,仍然吮手指,则属于不正常现象了。

咬指甲可在儿童期这一阶段发生,顽固者可能形成终生痼癖,但多数出现在学龄初期(小学低年级)儿童上,大约有10%～30%的学龄儿童有这种行为,多发年龄在11～13岁,男女人数相等。

咬指甲的原因主要有以下几种：

（1）爱的需求得不到满足。

由于工作忙，家长对孩子要求过严，家庭成员关系紧张等原因，使儿童得不到充分的爱抚和关注，特别是母爱。

（2）缺乏同龄伙伴。

目前，大多是独生子女，当孩子从幼儿园、学校回到单元式的家庭，常常独自做作业、玩玩具、看电视。常感孤独、寂寞、乏味，便不自觉地吮手指、咬指甲，久之便养成习惯。

（3）适应困难。

当儿童适应新环境（转园、转校）感到困难时，或心态紧张、焦虑时，也会产生该行为。

（4）模仿。

有的是在幼儿园、学校里从同伴那里模仿而来的。

（5）教育不及时。

当儿童从吮手指、咬指甲的过程中得到一种快感后，便将这不良行为习惯化。若家长没及时矫正，便使该不良行为习惯保持下来。

（6）习惯。

吮手指、咬指甲可以转移分散对饥饿、身体疼痛和不舒服感觉的注意力。若饥饿、疾病等不良情景经常出现时，则可能使这类动作形成习惯。

儿童吮手指、咬手指的不良习惯的主要特征表现为：只要手里、口里没东西，几乎整天均吮手指、咬指甲。上课时吮、睡觉时吮，有的不吮睡不着。常固定吸吮或啃某一手指，以致使手指浮肿、变细、变尖。由于长期有该种不良动作，使得面额变形，牙列不齐，牙齿闭合不良，并易感染疾病，不仅影响儿童身体健康，同时也是儿童内心紧张、压抑、忧虑、自卑感、敌对感的情绪的表现。因此，对该不良行为习惯要及早预防和矫正。

如何预防和矫正，对家长有以下建议：

（1）满足孩子被爱、被关注的要求，多与孩子交流感情、进行肌肤接触。如陪孩子游戏、郊游，睡前给孩子以抚摸等温情，使孩子有一种安全感、满足感与幸福感。

（2）为儿童提供合适的玩具和场所，鼓励儿童多与同伴一起玩耍。安排一些合适的手工活动，尽量使他们不闲呆着。

（3）定期为孩子剪指甲，使其无法咬着指甲。同时注意孩子手部清洁卫生，防止疾病感染。

（4）厌恶疗法：可在儿童常吮、咬的指甲上放些辣椒粉或染上紫药水，使其在吮、咬时产生厌恶感，可减少或消除这些不良行为。

（5）负性活动练习：规定患儿在一段时间内反复不停地吮、咬手指，直至感到不舒服、不愉快，促使其改掉该顽习。

（6）正确的教育态度：矫正时，成人态度要和蔼、亲切，语言、动作要轻柔，避免大声呵斥、恐吓、打骂。在矫正过程中对孩子的进步应及时鼓励、表扬，以强化其好的行为表现。

三、防治儿童的心理障碍

1. 智力缺损

智力缺损(intellectual deficiency)又称精神发育迟滞或精神发育不全。指智力明显低于正常儿童，同时伴有适应行为缺陷为主要特征的一组疾病。智力缺损者的精神发育在出生前、出生过程中或早年生活各个阶段因种种原因受到阻碍而发展迟缓。由于智力缺损者的学习能力极差，他们在日常生活中很难自理，他们的学习能力、适应生活能力也显著落后，当然亦因智力缺损程度不同而异。例如：轻度智力缺损者的学习过程比一般人要慢，但经过特殊训练能独立生活，且能从事一定的工作或职业；严重智力缺损者生活都不能自理，也不

能完成最简单的任务。

该病患者人数众多。世界卫生组织报告，在儿童中智力缺损严重的患病率为4‰，而轻度者则多至30‰，如加上成人患者，则患病率还要高得多。有些学者甚至认为，任何时候人群中都有近乎1%的智力缺损者。由于患病率高，智力缺损被认为是导致人类伤残的最大一类疾病。

患者有明显的性别差异，男性比女性约多二倍。

【致病原因】

智力缺损的致病原因十分复杂，涉及的范围广泛，现今只解决了部分致病原因，尚有很多病例的致病原因不明。概括起来，造成智力缺损的因素有遗传和环境两方面。

（1）遗传因素。

染色体畸变：由于某种原因，染色体发生数目和结构的改变，导致遗传信息转录或转译过程的紊乱而引起智力缺损。如G组中第21对三体型就是因数目改变引起的智力缺损。该病叫三色体病，也叫先天愚。

基因突变：细胞染色体内脱氧核糖核酸(DNA)是遗传的物质基础。DNA分子按特定的顺序位置排列有很多基因。当基因发生突变时，改变DNA分子上氨基酸的排列，使遗传信息的传递发生障碍，引起酶的活性缺陷或减弱，因而导致各种代谢障碍。最常见的是苯丙酮尿性智力缺损。这是一种遗传性代谢障碍引起的智力落后，特征是患者尿中含有大量的苯丙酮酸，由于它不能转变为酪氨酸而产生异常的代谢物，使中枢神经系统中毒，影响脑的发育，导致严重智力低下。

（2）环境因素。

胎儿期

母亲妊娠期患有感染性疾病，发生过中毒，用药不当，如为保胎服过激素、受过辐射；营养不良、精神紧张等因素，都会影响胎儿的正常发育。一般讲，胎儿的神经系统是在母亲怀孕3～5周内形成，如果胎儿头两个月内因种

种因素使神经受损，中枢神经系统会产生不可弥补的缺陷。

出生时

分娩时产程过长，新生儿头部长时间受压，或使用产钳不当，都容易使脑部直接受到损伤，或因窒息而引起脑缺氧，会影响儿童的神经系统功能。其中出生时的窒息是智力落后者常见的致病原因，因为缺氧易引起长期的认知障碍和神经系统异常。早产儿童在一岁时出现神经系统异常者，比非早产儿童多3倍。

出生后

幼年的营养不良、感染性疾病、中毒、头部损伤等均可能导致儿童智力低下。

①营养不良：儿童食物中缺乏某种物质可引起各种神经系统功能障碍。例如：缺碘可引起克汀病或呆小病，缺乏蛋白质会阻碍脑的发育；缺乏维生素 B_{12} 易引起智力落后等。饥饿会降低幼儿对环境的注意，以致减少其学习的机会。

②感染性疾病：婴、幼儿患有脑膜炎、脑炎或其他脑病造成的脑损伤都可导致智力低下。尤其脑炎是引起智力低下的主要因素，脑炎幸存者多有精神障碍和身体障碍。

③中毒：铅和汞被吸入体内可损伤脑的功能。例如，儿童住在油漆未干的房屋、舔了牙膏皮和铅笔上漆的标记，或者吸入空气中由汽油燃烧时排出的铅，或吃了受污染的鱼或住在空气污染的厂房附近引起的汞中毒。许多事实证明，学习不能的儿童常有铅中毒的因素。

④外伤：有统计表明，1％的智力低下者是由头部外伤引起的。幼年由于摔伤、交通事故、或受虐挨打引起的头部损伤可导致较严重的行为障碍。

⑤心理社会因素：儿童大脑功能的发育需要外界适宜的刺激。如果婴儿期缺乏丰富的刺激和充分的照顾，比如从小生活在孤儿院里的少儿，一般智力明显低下。此外，缺乏适当的早期教育和训练也可使儿童的智力发展迟缓。例

如，对适当的行为（如学说话）缺乏及时奖励和指导，缺乏培养儿童的学习动机等。

根据国外对智力缺损儿童所做的致病原因分析资料，发现属于出生前因素占58.38%，出生时因素占5.11%，出生后占32.75%，尚有11.76%原因不明。

研究还发现，大部分智力低下儿童的脑电图都有明显的异常波，他们的神经系统发育也大大落后于同年龄正常儿童的发育。这就证明，胎儿期、出生时和出生后的种种有害因素确实阻碍了脑和神经系统的发育而导致智力低下。

总之，人们若能普遍认识到并重视导致智力低下的因素，就应尽量设法减少或避免这些因素，以使每个儿童智力都能健康发展。

【临床表现】

智力缺损最突出的表现为智力低下和适应社会能力缺陷。

（1）临床分级。

按轻重程度和智商低下分级。根据智商可把智力缺损分为以下几等。

智力缺损程度	智　商
极度(白痴)	低于20
重度	20～34
中度	35～49
轻度	50～70

极度智力缺损。智商在20以下，又称白痴，这类患者对周围的一切是不理解的，生活各方面都需人照管。他们经常重复一些单调和无意义的动作，表情愚蠢，情绪反应原始。不会讲话、只是号叫，至多发出个别单音节的词。大多伴有癫痫发作。他们缺乏自卫和防卫能力，大多早年夭亡。该类占智力缺损者不足1%。

重度智力缺损。智商20～34，又称痴愚。这类儿童早年各方面的发育均迟缓。发音含糊，词汇贫乏，理解能力极差，动作也十分笨拙。他们缺乏数的概

念、不会简单计算。他们能辨别亲疏，进行简单的交往，表现一定的感情，但建立不起较深的联系。经过训练可养成一些生活和卫生习惯以及可以从事简单的体力劳动。

中度智力缺损。智商35～49，也称痴愚。这类儿童早年发育不论在行走、说话或大小便控制等均较迟缓。他们的词汇贫乏，吐词不清，表达能力差，尤其抽象概念不能建立。因此，他们只能反映事物的表面、片断现象。他们也许可进行10以内的加减计算，或模仿书写，但不理解其中的意义。长大后，在监督帮助下，可从事一般性劳动。重度、中度约占19%。

轻度智力缺损。智商50～70，又称愚鲁。这一类儿童在各方面的发育上也稍迟缓。他们的言语发育也较晚。在生活用词上虽困难不大，但掌握抽象性词汇极少，在理解、综合和分析方面，缺乏逻辑性联系。他们能进行简单的计算，但对应用题就难以理解。能进行成段的背诵，但不能正确运用。大多数经加强辅导，可达到小学一二年级或再高些水平。他们在训练和教育下，可从事简单工作。轻度者占智力缺损总数的80%。

智力缺损者常有躯体异常，尤其在中重度和极度病人中更为多见。如头颅大小和形状异常、面部发际低下，前额柔毛密布，两眼距增宽，一或二侧耳壳位置较低，或耳垂贴在颊部，掌面皮肤纹理异常以及其他畸形。

(2) 临床类型。

A．先天愚型

主要由于常染色体畸变，染色体 G 组第21对三体引起，约占新生儿的1.5‰。据统计，20岁左右妇女出生这类小儿的可能性是1/2000，而35岁出生的可能性就上升为1/300。可见与母亲妊娠的年龄有关。这类小儿有躯体发育异常，头颅较小，额和枕部平坦，两眼外角上斜，眼距宽。舌部轮廓乳突肥大，舌面沟裂深而多，呈"阴囊舌"样，并因经常伸出口外，故曾将此类型称为伸舌样痴呆。智力缺损以中、重度占多数，还有少数轻度者能读书、写字和完成简单工作。

B．苯丙酮尿症

属于先天性氨基酸代谢障碍中常见的一种。主要由于苯丙氨酸羟代酶的缺陷，使食物中的苯丙氨酸不能被氧化成酪氨酸，以致在体内积聚，引起神经细胞的毒性作用，也影响神经纤维的髓鞘形成。

这类小儿出生3～4月后，症状日益明显。智力缺损水平属中重度发育过程较迟缓，毛发色浅或黄，皮肤白嫩，眼虹膜色素偏黄或浅蓝色。如取新鲜尿1毫升于试管内，加入少许一当量的盐酸，使尿的pH成2.5左右，再加入10%的三氯化铁3～5滴，如尿变为绿色或蓝色者为阳性。

C．地方性呆小症

这是偏僻山区和部分农村中引起的智力缺损的最常见的原因之一。这些地区所食用的盐含碘量不足。母亲患甲状腺肿瘤，加之妊娠期缺碘，以致胎儿甲状腺素合成不足，影响了脑和体格的发育。病人身材多矮小且不均匀，精神委靡，反应迟钝，聋哑者为数不少。智力缺损大多在中度和重度以上。实验室检查可见血清蛋白结合碘大多减低，甲状腺吸碘率增高。

D．半乳糖血症

为常染色体隐性遗传，属于先天性碳水化合物代谢缺陷疾患。这是由于体内缺乏I-磷酸半乳糖尿嘧啶核苷转换酶，致使半乳糖不能转变为葡萄糖，而在血及组织内积聚，引起对脑、肝、肾和眼等的损害。婴儿初生时尚正常，经母乳或牛乳喂养，乳汁中半乳糖的摄入后才出现症状。婴儿有拒食、呕吐、腹泻、白内障、低血糖惊厥和智能缺损等症状。

智力缺损的病程和预后：重度者在出生后不久即可认出，而较轻者则常在进幼儿园或小学后才被发现。先天者无起病时期，后天继发者从脑受损算起。病程终身，到成年后可稍有好转。重度者需终身照管；轻中度者经教育和训练，可从事适当劳动。

【心理测试与诊断】

根据儿童的成长发育程度以及学习和适应社会能力水平，结合详细的精神

和体格检查作出临床判断，是智力缺损的基本诊断方法。

为此：①详细收集患儿的成长发展史，对他们在各年龄阶段的言语、思维、计算、情感和行为动作等的发育过程，与正常儿童作对比分析，从中找出发育上的差距。②做详细的精神和体格检查，并重点对智力活动进行检查，包括学习能力和适应社会生活的能力的检查。体格检查中发现先天性畸形可为诊断提供部分依据。③详细收集家族遗传史、母孕情况、分娩经过、从出生起的生长发育情况及既往史，并结合神经系统检查、细胞染色体或生化代谢等检查，可为探讨致病原因、类型和智力缺损程度提供资料。

目前，智力测验方法已用于临床评定病人的智力水平。现常用的有下列几种：斯丹福-比奈智力量表、韦克斯勒智力量表、瑞文推理测验。智力量表常受被试验者生活环境和受教育机会等的影响，而带有一定的局限性，故不要作为诊断的唯一标准。

本症诊断主要根据以下几点：第一，突出表现智能低下。第二，学习能力和社会适应能力均不同程度地存在缺陷。

【心理治疗】

治疗的关键为及早发现、及早查明原因，并及时治疗。

（1）针对致病原因治疗。如能查明原因，应针对致病原因及时治疗。苯丙酸酮尿症在不少国家采取三氯化铁尿布测定法，尽早发现后即开始低苯丙氨酸饮食疗法。最好采用特制的低苯丙氨酸蛋白。饮食中含苯丙氨酸较低的有大米、小米、玉米、大豆、白菜、糖和羊肉等。如饮食控制得好，小儿的生长较正常。地方性呆小病患者的早期可用甲状腺素或三碘甲状腺原氨酸治疗。小儿患半乳糖血症尽早停止乳类食物而用谷类喂养，另加维生素和无机盐。治疗开始得早，症状可消失。

（2）心理治疗。教育和训练是治疗智力缺损的关键。人们过去认为，一旦有人被诊断为智力缺损并被列入极度、重度、中度或轻度的智力缺损和适应行为落后的范畴，那么他就终生停留在这个水平，而不能改善。近年来，根

据对智力缺损者采取的一些积极措施的结果表明，通过专业人员的训练和教育，他们的智能和社会适应能力是可以提高的，并能对社会作出一定贡献。但是，每个人改善的程度取决于他能得到什么样的医疗、社会和教育方面的帮助和训练，以及社会能为他提供什么样的机会和条件。

在每位智力缺损者接受有效的训练措施之前，必须详细、缜密地评定个人的潜能，提出适合其个人发展水平的训练计划。要求太高，对其压力过大、难以接受；要求太低，训练将失去效果。

政府和社会的有关机构必须为这种儿童提供训练、教育的机会和场所，培养他们成为自食其力，甚至能为社会作出微薄贡献的人，而不是完全依赖于社会的寄生虫。

教育训练其目的是充分挖掘和发挥他们脑部保存的功能，并应用各种适合的刺激来促进大脑皮层神经细胞的生长发育。智力缺损儿童的训练开展得越早效果越好。内容一般从简单到复杂，从培养自我技能起，对轻度智力缺损者可进行基础知识教育，对较大儿童逐步训练简单的劳动技能。方法以具体形象的直观法为主，如利用鲜艳的图片、动听的音乐和活动的玩具等以培养学习的兴趣和陶冶性情。

（3）药物治疗。尚无肯定有效药物。可供试用的药物有r－氨酪酸、脑复康、脑复新、猪脑粉、珠层粉和大脑组织液等。

【预防】

近年来，由于注重优生，智力缺损儿童的出生率和患病率已大为减少。广泛宣传教育、改善生活、提高文化和社会经济水准，并积极推行医疗性、教育性措施。

医疗性的预防措施包括加强妇幼卫生，推行围产期保健，限制高龄妇女和家族中有遗传疾病的妇女生育。避免近亲结婚，开展遗传咨询和产前诊断，以及婚姻指导等。对有家族遗传疾病史的孕妇在14～16周时进行羊膜穿刺术，如羊水脱落细胞染色体和酶学检查结果有异常，应及时终止妊娠。这一方法已成

为减少智力缺损患儿出生率的一项有效措施。

教育性预防也有积极意义。胎儿期、婴幼儿期是儿童大脑与神经系统飞速发展时期，是对儿童实施教育的最佳年龄期。也就是说在这时期对儿童实施教育质量好、见效快，若错过该时期，以后会产生不可弥补的损失。所以应重视胎教与早期教育。积极采取科学的胎教与早期教育，对预防环境因素致智力缺损有积极意义。

2. 多动症

儿童多动症(hyperkinetie syndrome)是智力正常或基本正常的儿童，具有与年龄不相符的注意力集中困难、行为冲动性和活动过度的特点，因而学习困难、学习成绩及社会适应能力差。过去曾称为轻微脑功能障碍(MBD)，近年美国精神病学会又称其为注意力不足症(ADD)。

这类患儿长大后，多动症状可逐渐减轻或消失，但其违法行为、教育困难、病态人格等精神障碍仍高于常人。

由于诊断标准的不同，各地发病率差异很大，国外报道在学龄儿童中的患病率4%～20%不等，我国患病率在1.3%～13.4%。其起病始于学龄前，但能确诊者多为学龄期，约占全体小学生的1%～10%。男多于女，其比例为4：1～9：1。

【致病原因】

多动症的致病原因，目前有各种假说，真正致病原因仍不完全清楚，但多数学者确信多动症是由多种致病原因引起的，致病原因中有生物学因素、心理因素和社会因素，在个别病例中各有侧重或是多种因素共同作用的结果。

由于该症对儿童心理障碍的产生影响较大，对正在成长中的儿童的学习、社会适应能力的不良影响较大，因而引起广大教师、家长的注意。下面列举的一些原因可作为参考。教师、家长应尽量设法避免或减少这些因素，预防儿童患多动症。

（1）遗传因素。

研究表明：患儿的父母、同胞和亲属中患本病或其他精神疾病者明显高于对照组，孪生子研究发现单卵孪生子的多动症同病率达100%，而异卵孪生子的同病率仅占17%。这些研究提示多动症具有遗传基础。

（2）脑部器质性病变。

产前、产时、产后缺血、缺氧引起的轻微脑损伤：如难产、早产窒息、颅内出血或宫内发育不良；生后有脑外伤，高热惊厥、脑炎、脑膜炎、癫痫、一氧化碳中毒史者。有些学者从脑电图功率谱分析，发现多动症患者异常率明显高于对照组，提示本症的发生确实有生物学基础。但多数学者认为脑器质性病变并非为本症的主要致病原因，而可能与脑内神经递质代谢异常，如多巴胺、β烃化酶(DBH)偏低造成去甲肾上腺素减少有关，而多巴胺递质不足又与基因遗传有关。

（3）社会、心理因素。

A．社会环境因素

铅中毒。研究发现(段淑贞)几乎一半以上的多动症儿童血中含铅量较高。工业社会的环境污染，汽车的汽油燃烧时，化合物的铅会挥发成气体进入空气中，被儿童吸入体内。用含铅的玩具、餐具，使儿童体内铅蓄量过大，可能引起本病。

B．社会文化因素

有人发现不少多动症患儿的家庭有喜高音调、快节奏和近似噪声音乐的嗜好。当今许多电视、音响节目充斥狂歌劲舞、打斗凶杀场景，对儿童正在发育的大脑构成超强刺激，极易引起脑功能失调。

C．教育因素

目前公认家庭、学校和社会不良教育因素是儿童多动症的最重要的致病原因素。下列四种不良教育方式均可诱发本病。

放任型：家庭破裂、父母离异或早丧，子女缺乏教育，放任自流，导致心

理变态、行为偏离，社会适应不良，入学后易有多动表现。

专制型：家长或教师教育方法不当，在家中或学校中经常受到指责打骂，儿童心理压力增加，精神紧张可致多动。老师的歧视、冷漠使儿童产生逆反心理也可致病。

溺爱型：父母对子女过于娇纵溺爱，养成任性习惯，日后难以适应环境和约束个人行为。

相关型：父母自身行为不端，举止不稳，耳濡目染、潜移默化，诱使儿童多动行为。甚至家长幼年患有多动症，成年后仍冲动任性、脾气暴躁，再把这种素质遗传给子女，故本病有家庭倾向。总之，家庭教育和父母对子女态度不当、家庭背景不良是多动症致病的重要原因。

【临床表现】

（1）注意力不集中。

多年来对多动症儿童的研究发现，注意力集中困难，是该类患儿突出的、持久的临床特征。患儿不能专注一件事，易从一个活动转向另一个活动。玩时，拿了这个玩具没玩一分钟就丢下玩别的了；上课时注意力持续时间短暂，几分钟就做与课堂内容无关的动作。这种患儿的分心不是发生在任何场合，有时也能较好地从事一种活动，如：在黑板上解题或从事一对一的游戏时，分心不太明显。

（2）活动过多。

活动过多是多动症的主要特征。这类儿童在婴儿时就表现出好动、不安宁，学走路时以跑代步。幼儿时不停地奔跑做事。上学后，多动表现突出，在课堂上坐不住，身体在椅子上不停挪动，严重的则擅自离开座位在教室里走动。好与人说话，推撞别人，惹是生非或做各种怪样。

这种儿童的多动与一般儿童的好动不同，因为他们的活动是杂乱的，缺乏组织性和目的性的。 在运动场上难以看出他们与一般儿童的差别。但在限制活动的教室里他比一般好动孩子明显表现出不能控制自己的活动。不过，当得到成人个别注意时，或从事一对一的活动(如两人下棋或对他讲故事时)他也能

安静一会儿。

（3）冲动性。

多动症儿童的行动多先于思维，即他们不经考虑就行动，这就是冲动性表现。在教室内突然喊吵、离座奔跑、抢同学东西或袭击别人等。在集体游戏时，他们难以等待。

这三个主要临床特征常引起一系列继发性后果，如学习困难，成绩不良常不及格或留级，大多数患儿情绪低沉、有自卑心理，可有逃学、说谎、斗殴、偷窃等品行问题。不伴有精神异常、明显智力落后。

本症的临床表现多种多样，但可归结为一点，主要是自我控制能力不足。由此，表现出不需自我控制的无意注意无损(如观看球赛)，而需要意志控制的有意注意则难以自制，如上课思想不集中、动作过多。对情绪和情感也缺乏自我控制能力而表现任性冲动、情绪不稳。品行上的问题也与自制力不足有关。

【心理测验与诊断】

因儿童焦虑症、精神发育迟滞、癫痫、儿童精神病、器质性脑综合征等疾病也可能有类似多动症的症状，甚至有的教师、家长把儿童正常的活泼好动也认为是多动症。因此，家长、教师若发现儿童具有类似多动症的症状，应送儿童到精神科确诊，才能对症治疗。

【心理治疗】

我国目前药物治疗多动症广泛采用利他林等药。尽管临床表明，药物对改善外部行为，如减少活动或增强注意力有较好效果，但并不能改进患儿的学习能力和社会适应能力，而且长期服用利他林会影响食欲，产生体重减轻或抑制儿童身体正常发育的不良后果。采用心理治疗的行为疗法并结合药物治疗，对培养患儿良好行为疗效较好。

（1）行为疗法或行为指导。

治疗重点在于培养和发展其自制力、注意力。主要是训练儿童采用较好的认知活动改善注意力、克服分心；其次是通过一定程序的训练，减少儿童的

过多活动和不良行为。例如，当多动症的儿童在家里或学校表现有点滴良好的行为，如能安静地做功课或听他人讲话，上课时较少做小动作，捡起自己的衣物，按时上床睡觉等，及时给予表扬，记个红星。如果他有乱跑、喊叫、打闹等行为，则记个黑圈。家长或教师应告诉患儿，每出现一个黑圈就要抹掉一个红星，累积一定数量的红星就可以换取某种权利或达到某个要求。 例如10个红星可领到一张奖状或去动物园和公园玩；5 个红星可看电视或吃冰淇淋等。用及时奖励良好行为的方法训练多动症患儿，不仅可以使行为有明显改善，而且药物也可逐渐减少，甚至可以停药。

此外，行为疗法还可以帮助儿童培养自我控制和集中注意的能力，较好地完成学校作业。方法是：在多动症患儿做作业时，设计一种训练程序，用指导语训练儿童控制并指导自己的行为。例如，首先让儿童观察父母或老师大声自言自语地做作业，然后在患儿做作业时，成人在旁叙说指导语指导患儿做作业，进而让儿童自己边说指导语边做作业。譬如患儿做算术时，可用这样的指导语："良良，现在我要做算术了，我必须认真仔细地做。第一道题是什么呢？喔：先抄下题目，$8+3=$，让我好好想想，$8+3$等于几呢？啊！我知道了$8+3=11$。对了，好！我做第 2 道题了。先抄题目，$9+6$是多少？是14对吗？我再想想，不对，应该是15……"这样的方法可使儿童集中注意于解题，较好完成作业。不过，在儿童未形成自我控制行为之前，必须有成人在旁监督和指导。

事实证明，以上两种方法，能大大减少儿童的多动或冲动行为，培养患儿与人合作并较好地完成作业，且效果较巩固。

行为治疗的原则：①多鼓励、少批评，对其正确行为和微小进步及时表扬或奖励。避免惩罚，禁止打骂，更不可歧视。②加强学习的直观性、提高患儿学习兴趣、利用无意注意(不需要意志努力、自然而然的注意)。③坚持个别对待、耐心引导，坚持不懈、持之以恒。④合理安排作息时间，生活规律、松紧适度。

（2）娱乐疗法。

根据患儿的个性特点和家庭条件，因地制宜，合理安排多种形式的娱乐活动。如唱歌、游戏等，以调整气氛、陶冶性情。尤其鼓励儿童多参加集体娱乐活动，在活动中给予指导、矫正行为偏异。

（3）饮食疗法。

近年来有人研究发现，限制西红柿、苹果、橘子、人工调味品等含甲醛、水杨酸类食品的摄入，对儿童多动症有明显疗效，可考虑试行。

（4）药物治疗。

本病常选用的是中枢神经兴奋剂（如利他林、右旋苯丙胺、匹莫林等）、三环类抗抑郁剂（丙咪嗪）、咖啡因等。上述药物可使神经原突触间隙中去甲肾上腺素、多巴胺浓度增加，从而增强自制、改善注意、减少不良心理刺激、促进心理平衡，并为心理或教育创造条件。

【心理护理与预防】

（1）心理护理。

A．家长应该协助医师进行心理行为治疗与管理，对儿童的不良行为和违纪举动坚持正面教育。多予启发鼓励，不得体罚和歧视，反之会伤害儿童自尊心，加重精神创伤，使症状加重。

B．坚持规律的生活。培养良好习惯，帮助患儿克服学习困难，增强治愈信心。

（2）预防。

采取"优生、优育、优教"的综合社会预防对策。

A．加强保健：妇女孕期忌烟忌酒。预防感染、外伤，避免滥用药物和接触射线，做好产前、产时、产后保健及儿保工作。

B．防止儿童营养失调，防止环境污染，尤其是铅污染。

C．改进家庭教育方法，开展儿童心理卫生保健及咨询，发现心理异常，及时就医诊治。

D. 对患儿早发现、早治疗，给予强化教育，耐心塑造良好行为习惯。

附：多动症儿童常见问题处理

（1）如何引起儿童的注意？——身体接触、言语督促

一般儿童分心时，经成人提醒即能引起注意。但对于多动症儿童很难做到，他们常不能耐心听成人讲话。此时，父母、老师可用手轻轻抚着他的头或肩，或者拉着他的手对他讲话。讲完后，则问他讲了什么，若患儿回答不出，成人再和蔼地讲一遍，直到他真正听进去为止。事实证明，身体接触帮助、言语督促对培养多动症患儿的注意力有效。

（2）如何改善儿童的倔犟、固执行为？——制定规则，事先提醒，不简单强求

一旦要改变多动症儿童的习惯或中断他的活动，他就会心烦意乱甚至大发雷霆。如：要他立即放下玩具去奶奶家，他会大发脾气。为了让倔犟、固执儿童遵照要求行动，方法是"事先打招呼"重复告诉他要求他干的事。例如：去奶奶家前两小时就告之："一会儿我们要去奶奶家。"过一小时说："该把玩具收拾起来准备走了。"一会儿再对他说："还有十分钟要走了，快收好玩具、换衣服，和妈妈一块儿走。"这种方法可以缓解多动症儿童倔犟、固执性格引起的矛盾冲突。

（3）如何减少或防止儿童的"失控"行为？——"冷处理"

低年龄多动症儿童一旦出现失去控制行为，就会愈演愈烈，难以制止。例如：客人来了，他就可能做出一些吸引他人注意的行为——大声喊叫、奔跑不止，即所谓"人来疯"。若父母严厉斥责批评，往往无济于事。父母这些言行正中下怀——满足了他惹人注意的欲望，则难以制止其过激行为。针对此情景，家长应采取"冷处理"态度——不予理睬或关进小屋，将其隔离，让他冷静并思考自己的行为是否恰当。当其安静后，及时和蔼地讲清成人这样做的理由。

（4）孩子大吵大叫、顶嘴，怎么办？——"冷－温处理"

较大的多动症患儿，易表现出大叫大嚷、强词夺理、不认错甚至诿过他

人。针对此景，成人千万不能与之针锋相对地辩解，而应对其讲，只有当他不大叫大嚷、安静下来时才与之对话，大家应心平气和地讨论问题。倘若他仍不停地吵闹，成人则走开，剩他一个人，没有了对象，他也就不吵了。

（5）如何培养儿童的责任心？——自我醒目提示

儿童没有及时完成家务（如铺床、整理桌子、洗碗）或作业等，父母往往会唠叨地督促、批评，甚至发脾气。这对多动症儿童常无济于事。儿童没完成任务往往是遗忘了或没安排好时间。适当的办法是，在醒目处（小黑板、留言牌）按事情的重要性顺序写下孩子应办的事，逐渐培养他的责任心。稍大一些，让儿童自备一记事本儿，要求他记下各科教师指定的作业，在学校已完成了哪些，哪些尚未完成，每周父母与老师联系，检查儿童是否按要求做了。假若他不这样做，就暂时取消其应享受的权利，如看电视、周末去动物园等。若做好了，则及时满足他的要求以资鼓励，以此培养儿童自我监督能力和学习的责任心。

3．遗尿症

遗尿症(enuresis)是指小儿5岁后夜间(伴或不伴白天)不自主地排尿。正常小儿1岁左右白天已能自行控制排尿，但夜间仍难免尿床。据调查4.5岁时的尿床者约10%～20%，9.5岁约5%，15岁时2%仍尿床。男女性别比为3：1。

本症有原发和继发两种，前者指儿童膀胱括约肌的控制能力发展迟缓，生后从来不能控制排尿；后者指儿童曾经形成过控制排尿的能力，后来又出现遗尿。本病按致病原因又可分为功能性遗尿和器质性遗尿两种，小儿多属功能性遗尿，约占遗尿症的75%～80%，预后较好。

【致病原因】

（1）遗传因素。

部分患儿有家族史。国外报道30%～50%患儿父母单方或双方有遗尿史，且发现单卵双胞胎同时遗尿者较双卵双胞胎高，国内有类似报道，提示本病与遗传有关。

(2) 神经系统发育不全。

有研究发现患儿膀胱容积较小（可小1／3），膀胱肌肉控制排尿机能差。患儿睡眠过深，中枢神经抑制过程占优势，膀胱充盈时的刺激不能使中枢兴奋，患儿难以觉醒。遗尿症儿童常见有异常的脑电图，最普遍的是异常的慢波。遗尿患儿少数智商偏低，也说明有神经发育不完善的因素。

(3) 社会、心理因素。

A．剧烈的精神刺激

如意外灾害、家庭破裂、亲人亡故、剥夺母爱、失去亲人照料、居住环境变动引起儿童焦虑惊恐、精神过度紧张引起遗尿。许多患儿在上学考试、激烈运动、过劳后加重。有的儿童因亲子冲突，出自报复心理和为取得父母的关心而遗尿。据调查显示有1／3以上患儿有心理因素存在。

B．个性和行为特征

本病好发于胆怯、温顺、被动、孤僻、情绪不稳、过于敏感和易于兴奋的小儿。此外患儿因长期遗尿羞于见人而离群独处，日久形成自卑内向性格，做事缺乏信心，行为退缩。

C．不良的教养态度

在排便训练中，父母过分严格(厌恶儿童的大小便，严格规定孩子的排便时间)或过分迁就(忽视排便训练)导致儿童不能自主排尿。或者儿童失去爱抚、受虐待，打骂责罚，尤其是偶尔遗尿受到家人训斥，睡前被警告不许尿床，反而加重心理负担，起到暗示作用而加剧遗尿现象。

D．其他

寒冷、保暖不足、皮肤血管收缩、不显性失水减少、晚餐多饮或吃稀饭排尿增多也是诱发因素。

【临床表现】

遗尿症表现为患儿入睡后不自主排尿，常发生在夜间相对固定的时间，上半夜较多，有时一夜数次，甚至午睡也尿床，可持续数年。预后良好，多数最迟也在性成熟期后自然消失。

遗尿症往往对患儿心理影响较大。人们通常不认为遗尿症是疾病，而被看成是件不体面的事。可使患儿产生自责、羞愧、恐惧、退缩、缺乏信心。加之家长不当责罚，进一步挫伤患儿自尊心，使之更加忧郁自卑，羞于见人，不喜欢与他人交往和参与集体生活，形成孤僻、内向性格。成人后遗尿症虽已痊愈，但其不良的人格特征可能伴随终生。

【心理测验与心理诊断】

(1) 艾森克人格问卷(EPQ)：可E分低，N分高。

(2) 智力测验：少数患儿智商偏低。

【心理治疗】

致病原因疗法：晚间限水、睡前排尿，应用药物丙咪嗪或针灸、中医等疗法可减少或停止遗尿，缓解症状。

常用的心理疗法：

(1) 认知疗法和支持性疗法。

向患儿及家长解释，说明该疾病本质是暂时的功能性失调，解除心理负担和紧张情绪，树立康复信心。对患儿多劝慰、鼓励，而不应斥责和惩罚。稍有进步就予以表扬，以增强患儿信心。

(2) 行为矫正疗法。

A. 训练增大膀胱容量

督促患儿白天多饮水，尽量延长两次排尿间隔，让膀胱容量逐渐增大，让患儿体会膀胱胀满的感觉和排尿的需要。同时鼓励患儿排尿时有意中断排尿，并记数，然后把尿排尽，以此提高膀胱括约肌的功能。

B. 建立条件反射，培养定时排尿

在以往尿床前约半小时用闹钟或其他警铃装置及时唤醒儿童下床排尿，使铃声与膀胱充盈同时出现，建立条件反射。以后逐渐延长睡眠时间，推迟响铃时间，直至尿床减少以至消失。排尿行为训练要持之以恒，不可中断，否则前功尽弃。

【心理护理与预防】

（1）心理护理。

A．对患儿关心体贴，改善生活环境，避免强烈的精神刺激、过度紧张和疲劳。家庭成员间的人际冲突不要暴露在患儿面前，以免造成患儿的心理创伤，诱发遗尿。

B．建立合理的生活制度，训练良好的排尿习惯。对没尿床的表现，可在表上贴一红星，以示鼓励；对尿床患儿可以指导其自己更换床单，了解后果，以示处罚，但不要责骂。

C．对患儿着重教育解释，减轻心理负担和情绪不安。多抚慰、鼓励，避免讥笑、斥责或惩罚，减轻遗尿症患儿的自责、自卑感。

D．睡前少饮水，按时唤醒(或用闹钟唤醒)患儿排尿。睡眠时注意保暖。

（2）预防。

A．提倡优育、优教，对儿童约2岁以上即进行排尿训练，改变不正确的教养态度，耐心鼓励训练膀胱收缩、自主排尿，养成良好的排尿习惯。

B．避免心理创伤和精神刺激，避免过劳，消除精神紧张和心理负担，建立合理的生活制度。消除遗尿症产生的社会心理因素。

4．口吃

口吃俗称结巴，是儿童常见的一种语言障碍。即说话能力的缺陷，表现在说话时迟缓，发音延长或停顿，不自觉地阻断或语塞，间歇地重复一个字或一个词，失去正常的说话节律，呈现出特殊的断续性，称之语言流行障碍。

口吃可分为暂时性口吃、良性口吃和永久性口吃。暂时性口吃是一种发育性口吃，始于1～2岁婴儿初学说话时出现的口吃，3岁年龄阶段最多。这时儿童言语发展到自己构造词句的阶段。但由于他们的神经生理成熟程度还落后于情绪和智力活动所需要表达的有关复杂内容，因而说话时出现踌躇和重复，常常一句长话停三四次才能说完。这是儿童言语发展的自然现象，随着年龄的增长，这种言语不流利的表现会逐渐消失。3～5岁出现的口吃称良性口吃，也要家长耐心矫正，半年到六年内多可消失。5～8岁后出现的口吃，常作为一种

特殊的持续固定的言语形式存在，除非进行持续的有效的矫治，不然常保持终生，称为永久性口吃。统计表明，任何种族、文化、语言都有口吃发生。2～5岁口吃发生率为1%。其中5%于5岁前起病，10岁后的口吃75%将终生存在。为避免儿童形成永久性口吃，及早发现、及时治疗十分必要。男性比女性多4～8倍。

【致病原因】

（1）遗传、生理因素：有人报告同卵双生子口吃发生率高于异卵双生子，提示口吃与遗传有关。口吃是一种言语协调功能混乱，可能与大脑言语调节功能薄弱、听觉对自己言语的延误反馈、发音器官调整障碍等生理因素有关。

（2）心理应激、心理压力：如受惊吓产生恐惧、进入陌生环境、重大生活事件打击、剧烈的声响刺激，均可因极度紧张导致口吃。成人强迫左撇子儿童用右手执笔、握筷；让说话慢的孩子快说；让怯场的儿童当众讲话或表演；成人对孩子说话重复或停顿不耐烦；随意打断、过多矫正甚至训斥，使儿童对自己的说话能力过多关注或反应强烈，一说话就紧张。形成紧张——口吃——紧张——加重口吃的恶性循环。

（3）模仿：儿童天性好模仿，若家人或周围有人口吃，他也模仿，日久习惯就会形成口吃。

（4）家长对子女教育不一致：造成儿童心理混乱，在分歧的父母面前无以答对，而致口吃。家长或教师专横粗暴、过于严厉，对怯懦儿童形成心理压力，导致儿童言语表达的迟疑与停顿，出现口吃或口吃加重。

（5）社会歧视：社会上一些人对口吃患者缺乏善意和同情，常歧视、嘲笑，甚至取笑口吃儿童，加重患儿紧张和自卑心理，使口吃加剧。

（6）个性行为特征：口吃儿童常有情绪不稳、好激动、易兴奋和神经质的性格特征。

【临床表现】

除本节之始所述的口吃这一儿童常见的语言障碍的临床表现外，尚有以下

心理特征：

（1）常伴有神经质症状：口吃患儿常有神经质症状，如情绪不稳定、性情急躁、好激动、易兴奋、胆小、敏感、睡眠障碍。患儿还常遗尿、食欲减低，并易有恐惧等情绪反应。

（2）口吃继发性心理反应和心理障碍：儿童入学后，言语活动大增，口吃患儿不能顺利地回答老师的提问，也不能与同学、老师正常交谈。加之周围人的嘲笑，常使患儿深感羞愧和苦闷，终日焦虑不安。这不但会加重口吃和神经质的症状，患儿还会加强心理防卫机制，常会采取消极逃避对策：独来独往。日久酿成孤僻、退缩、羞怯、自卑等性格特征。

（3）口吃患儿一般智商不低，还可能高于正常人。

【心理测试、心理诊断】

（1）艾森克人格问卷（EPQ）：口吃者常显示E分低，N、P量表分偏高。

（2）明尼苏达多项人格量表（MMPI）可有Hs，Pe，Sa，S，分量表分值高，Hy分值偏低。

（3）临床症状自评量表(SCL-90)：可显示患者有焦虑、忧郁、恐惧、人际关系敏感或躯体化等症状因子分升高。

【心理治疗】

口吃很少用药物治疗，主要依靠心理治疗。

（1）社会心理支持疗法。

A．口吃的形成与患儿和周围人的态度有关。所以，①首先要向患儿、周围人讲述口吃的性质与成因，要求老师、家人、同学尊重患儿人格，不嘲笑戏弄患儿。②与患儿讲话时要保持心平气和、不慌不忙，使患儿受到感化，而养成从容不迫的讲话习惯。③听口吃者讲话要耐心听完、不可打断；不当面议论其病态；口吃严重时，不强求其讲话，以避免紧张，并转移对其口吃的注意。

B．鼓励患儿树立战胜口吃的信心，培养沉着开朗的性格、 鼓励患儿积

极参加社会活动和人际交往，减轻由口吃产生的神经质和心理障碍。

（2）语言训练疗法。

A．个体系统脱敏疗法：先让患儿在没人的环境，从容地练习发音，先念单词，再练短句，再读长句。可配合音乐舞蹈、节拍器等，从容不迫地、有节奏地练习讲话。也可收听广播，模仿播音员朗读，逐渐克服口吃，使说话流畅。由近及远地，然后再与他人对话，先与家人，再与同学、周围人对话，最后再上讲台讲话。

B．集体训练：可组织言语矫正训练班，在集体中，口吃患儿互相鼓励、互相帮助、互相矫正。老师给予必要的指导，教会口吃者尽量放松口腔、咽喉肌肉，先做呼吸练习，在呼长气时发各种单音，然后再练习不发音的唇、舌音。语言练习时先用简单的对答方式，一问一答，放慢讲话速度，使患儿说话呼吸正常。口吃自然减轻。

C．阳性强化法：在个体或集体语言训练时，家长、教师可配合使用行为疗法中的阳性强化法。患儿口吃时不予理睬，而讲话中无口吃时，给予适当的赞扬或鼓励。逐渐增加讲话速度和提高流利程度要求，每有进步，均给予表扬。

D．松弛疗法：语言训练中还可配合松弛训练疗法，以放松情绪和肌肉，减少焦虑，有助于语言训练的成功。

E．催眠疗法：在催眠状态下，按着施术者的指令，反复进行语言训练。学者马维详认为催眠状态有助于消除患儿紧张情绪，不担心他人是否嘲笑，便于患儿集中注意力进行语言训练，疗效更好。

（3）辅助治疗。

可试用小剂量溴剂，缬草酊剂或利眠宁5～10mg，日1～2次口服，以减轻肌肉、呼吸紧张，改善症状和睡眠。

可试用针刺内关、颊车、上廉泉、合谷，配合小剂量镇静剂，有助于消除患儿精神紧张，减轻语言肌痉挛，从而减轻口吃，切断紧张——口吃——紧张的恶性循环。

【心理护理与预防】

（1）心理护理。

A．对口吃患儿要多加关怀、体贴，做好说服解释和心理疏导，向患儿说明口吃是一种功能性的障碍，发音器官、神经系统完全正常，没有任何器质性病变，只要患儿放松自己，避免精神紧张，从容地、放慢速度地讲话，就可以把话讲好。鼓励患儿树立战胜口吃的信心。

B．协助医生对患儿进行语言训练：多与患儿交谈，讲话力求风趣幽默，创造轻松愉快的语言环境。对患儿语言训练中的点滴进步及时予以表扬、鼓励。

C．指导周围人正确对待口吃患儿，尊重他们的人格，不可嘲笑和歧视，为口吃患儿争取更多的社会支持，创造良好的心理环境。

（2）预防。

A．普及育儿知识，按照儿童心理发展的客观规律，适时地进行恰当的语言训练。

B．创造平静协调的家庭气氛和轻松愉快的语言环境，避免儿童受到不良心理刺激和引起精神紧张。

C．培养儿童开朗沉静的性格，鼓励儿童多交往，课堂上踊跃发言、积极参加演讲活动，发展语言才能。

D．劝阻儿童不要模仿他人口吃。

5．神经性厌食

神经性厌食是一种由心理因素引起的饮食障碍。以厌食和体重减轻为主要特征。好发于儿童和青少年女性，在西方国家常见。据美国某地区统计，在15～19岁女性中发病率为$57/10^5$，我国近年也有明显增多的趋势。该病为胃肠神经症的一种类型。

【致病原因】

儿童神经性厌食的原因：

除了胃酸分泌减少和各种疾病的原因外，大部分由于失去母爱，受到剧烈

惊吓，离开亲人进入新环境或成人过度注意儿童进食等心理因素造成。

少女神经性厌食原因：

（1）下丘脑功能紊乱。下丘脑一方面为摄食中枢，该处功能异常必然有摄食障碍。另一方面它又是内分泌中枢，其功能缺陷又可致内分泌紊乱。

（2）认知因素，有人认为少女怕胖是本症的核心心理因素。

（3）剧烈惊吓、精神委靡；对新环境的适应不良，学习紧张、情绪抑郁、降低食欲。

（4）患者偏食、挑食、吃零食等不良饮食习惯或父母过度关注子女饮食，强迫进食，使摄食中枢兴奋性降低而致厌食。

（5）患者性格多有拘谨、刻板、敏感、易焦虑、强迫倾向，幼稚、癔病性格、不合群、多幻想等。

（6）职业竞争强大压力，使妇女，尤其是少女急于追求形体完美，以适应社会要求。经济水平高的人群患病率高。

【临床表现】

儿童神经性厌食表现为长期对食物不感兴趣，缺乏食欲，吃得极少，经常回避或拒绝进食。如果强迫喂食，即刻引起呕吐。

少女神经性厌食主要由恐惧发胖、追求形体苗条心理所致。患者宁愿挨饿、唯恐长胖。有时对某种食物保持兴趣，甚至贪食饱餐，但吃后又后悔，常设法偷偷呕掉。部分患者有情感障碍，约38%～80%有抑郁症状。病人还可能有焦虑、强迫观念或强迫行为。

【心理测验与心理诊断】

（1）艾森克人格问卷（EPQ）：通常N分高、E分可偏低。

（2）明尼苏达多项人格调查(MMPI)：可有D、Hy、Pe等高。

（3）临床症状自评量表(SCL-90)、焦虑自评量表(SAS)、抑郁自评量表(SDS)：可反映患者焦虑、抑郁等分高。

【心理治疗】

儿童厌食的心理治疗：行为疗法。

Ａ．使其不吃饭的行为达不到他需要的目的。①吃饭时成人可以谈论饭菜可口的味道，引起儿童对饭菜的兴趣。②吃饭时成人多谈自己的事，少关注或不关注儿童进餐。③儿童主动吃一点或吃饭有进步，则及时表扬和奖励。④若成人进餐完毕，儿童尚未进餐完毕，将饭菜收起告之："我想你现在不饿，先把饭菜收起来。什么时候饿了就自己拿来吃。"此后，不要问其饿否。当其喊饿时，绝对不给零食吃，而给原来的饭菜。孩子不好好吃饭就冷淡他，不满足其任何要求。儿童发脾气、哭闹，更不能去理他。

Ｂ．家庭成员间要一致，共同坚持执行。一次迁就、让步，就难奏效。

少女厌食的治疗：

神经性厌食的女孩往往是娇生惯养的独生女，缺乏独立生活能力。其过度厌食逐渐成为家庭注意中心，不断地给予压力，致使其脾气暴躁，容易产生敌对情绪和行为。该种少女的家长多认真谨慎，对事要求尽善尽美，坚持己见。

针对以上症状应采取：

（1）认识领悟疗法：使其知道其每天消耗多少热量，应吃多少东西。由于消耗得多、进食得少，结果体重减轻，说明其实没胖。

（2）帮助家长改变过多关注子女进食的态度和行为，多给子女独立自主的机会。

（李百珍　郝志红）

呵 / 护 / 孩 / 子 / 的 / 心 / 灵

呵护青少年的心灵

◎ 青少年的身心发展

一、青少年生理发展特征

如果你的子女正在读中学，那么他们的生理正处于青春发育期。这一时期子女的身体和生理机能都发生了急剧的变化，并逐步趋于成熟，其生理发展具体表现为：

1. 身体外形剧变

首先，你的子女的身高、体重、胸围、肩宽等有了迅速的增长。进入青春期后，子女的身高年平均增长少则6~8厘米，多则10~11厘米；体重的增长一般为5~6千克/年，突出的可达8~10千克/年。在短短几年内，子女的身高、体重等生理指标就达到或接近成人的水平。

其次，你会发现你的孩子的头面部特征发生了改变，身体比例逐渐协调。进入青春期以后，孩子的童年期头面部特征逐渐消失，身体比例也从头大身小逐渐变得匀称协调，这使你的子女从外观上更像一个成年人。

再次，你的子女的第二性征出现，少男少女的外形差异日益明显。第二性征是指性发育的外部特征，如少女乳房突起，声调变高，少男上唇长出胡须，

喉结增大，声音变粗等。随着青春期的发育，少年的第二性征突显，少年男女在外形上的差异日益明显。

2．内脏机能的健全

随着青春发育，孩子体内的各器官、系统的机能迅速增强，并逐步趋向成熟。从心肺功能来看，中学生的血压高压一般达90～110毫米汞柱，低压为60～70毫米汞柱，脉搏一般为70～80次／分钟，肺活量要比青春期前增加1倍多，均已接近成人水平。从脑和神经系统的发育来看，青春发育期间大脑容量和体积的增加虽然并不明显，但内部结构却日益复杂化。大脑皮层的沟回组织和神经细胞发育成熟，高级神经活动的兴奋和抑制过程逐步平衡。第二信号系统（语言系统）不仅在两种信号系统中占优势，而且在概括和调节功能上有显著的发展。少年子女大脑和神经系统的发育为他们心理的迅速发展提供了物质前提和可能性。

3．性器官和性机能的成熟

性器官是人体内部发育最晚的部分，它的发育成熟，标志着人体全部器官接近成熟。少女生殖器官从十一二岁左右开始发育，到十三四岁出现月经初潮，这标志女性性发育的即将成熟。少男生殖器官的成熟比女生要晚，15岁时，男性睾丸重量才接近成人，16岁左右出现首次遗精，这意味着男性性机能成熟。

二、青少年心理发展特征

随着生理的变化以及环境的影响、教育的作用，中学生在心理上会发生一场革命性的变化：经历一个由不成熟到成熟的过渡期，学会用成人成熟的思维方式解决复杂的问题。中学生心理发展的具体表现为：

1．智力长足的发展

青少年期的子女由于大脑机能的不断增强、生活空间的不断扩大、社会实践活动的不断增多，其认知能力获得了长足的发展。可以有意识地调节和控制

自己的注意力，对自己不感兴趣或困难的学习材料也能集中注意。青少年期进入了记忆力发展的黄金时期，记忆力迅速增强，有意识的记忆活动居支配地位。思维能力不断增强，逻辑抽象思维能力逐步占据主导地位。从初中二年级起，抽象逻辑思维从需要具体经验材料支持的"经验型"向根据理论来进行逻辑推理的"理论型"转化。到了高二年级，这一转化过程基本完成，标志着个体的思维已达到成人的水平。所以作为家长，在子女的青少年期一定要指导他们抓住这一智力发展的大好时光认真学习，不断丰富、充实自己。

而且这一时期思维的独立性、批判性、创造性都有显著的提高。你的子女逐步开始用批判的眼光来看待周围事物，喜欢质疑和争论。开始怀疑教科书上的观点，家长和老师的经验更是成了他们攻击的对象。虽然在某些方面有一定独立的见解，但容易片面、走极端，对自己认为正确的观点往往固执、坚持，不愿听取多方面的意见。在妈妈的眼里，过去的小明是个听话的孩子。可是妈妈发现，到了初二，小明忽然变得特别不听话了。常常对学校里的各科老师的工作品头论足，有不同的看法。家长的经验之谈，他也听不进去，常常与父母争论不休。还固执己见，明明自己错了，也不承认。经常把妈妈气得说不出话来。这表明了少年子女思维的独立性、批判性，有一定独立的见解但容易片面、走极端的特点。这一时期你的子女还比较容易出现"明星崇拜"现象，这则是个体思维自我中心的表现，过度关注自我，不能明确区分自己关注的焦点与他人关心的焦点的区别所在。

2.情感热烈丰富

在这一时期，你会发现你的孩子的情绪高亢强烈，充满着热情和激情。在遇到愉快的事情时，经常欢呼雀跃，而见到不合理的现象时则非常气愤、不满。许多孩子有为真理而献身的热情，能完成一些惊人的业绩，但也有一些由于盲目的狂热或一时的冲动而干了蠢事。

处在青少年期的子女的情感的内容丰富多彩，而且越来越复杂。在生活中，他们珍视亲情，渴望友情，向往美好的爱情。但因缺乏交友的原则和技巧，也容易产生哥们儿义气、拉帮结派、早恋或者两性关系上的不良行为。

身高马大的小姜归属的需要特别强烈，也特讲"哥们儿义气"，只要朋友有求于他，他便会为朋友两肋插刀，一马当先去帮忙。一次，他听说自己的朋友受了他人的欺负，要他去和对方"理论理论"，他毫不犹豫，立马找了几个同学随朋友而去。在评论的过程中，言语不和，大家便拳脚相加，双方都有人受伤，被送到派出所。结果小姜和所有参加的人都受到拘留五天和罚款3000元的处罚。为此小姜后悔不已。还有一个青年因激情爆发失去自控，失手将对方一人打成重伤不治身亡，被判无期，遭受终身监禁。

情感的两极化明显。你会发现你的子女的情感经常发生变化，常常从一个极端走向另一个极端。他们常常为一点小事，就会被感动或是振奋、激动，显得非常热情，一会儿又因一点挫折而心灰意懒、冷漠无情、破罐子破摔，从一个极端走到另一个极端，让人捉摸不透、迷惑不已。

处在此时期的孩子，乐于表达自己的情感，但情感的表达方式也具备有了文饰、内隐和曲折性的一面。例如，有些青少年对一个人，特别是异性，明明是有好感的，愿意接近，但是由于自尊心或其他原因，他们会有意地表示冷漠或疏远。这与他们控制情感的能力的强弱是分不开的。但这种个体情感的外显性和内隐性的矛盾则会给处在青少年期的子女的情绪适应带来一定的困难。

3. 意志品质增强

作为青少年的家长，你会发现你的子女此阶段在各种活动中表现出来的意志品质如主动性、独立性和坚持性都比儿童期有了明显提高，自制力较强。许多孩子都特别崇拜意志坚强的人，许多少年特别崇拜经过常年艰苦拼搏，获得奥运金牌的刘翔、女排姑娘们，并且立志向他们学习，力图培养自己良好的意志品质。但是，这一时期意志力的发展还不成熟，遇到困难和失败的时候往往表现为没有毅力，半途而废。另外，有的孩子对意志品质的理解还不全面，表现为蛮干。有的少年为了证明自己胆大勇敢，做出很多很危险的举动，如在汽车行驶中扒车、跳车，站在悬崖上探身采集花草，为了锻炼自身的意志而在冬天穿很少的衣服等。

4.人生观、世界观逐渐形成

少年时期的孩子，自我意识发展进入第二个飞跃期（第一飞跃期在1～3岁），自我意识高度发展。自我意识是认识的一种特殊形式，是个体对自我的认识，或者说是对自我及周围人的关系的认识。伴随着青春期生理的成熟，你的子女将逐渐意识到"我长大了"，产生了强烈的成人感，希望得到成人的理解与尊重，希望获得独立。然而，这些要求往往不能够得到完全的满足，因此，会使少年对成人产生强烈的反抗心理。

少年还会把原来主要朝向外部的认识活动，转向自己的内心世界，探索自己的内心活动。比如，这时的子女会提出一系列的问题要自己回答：我是一个什么样的人？我要成为一个什么样的人？我的长相如何？我的脾气、性格怎样？我有什么样的特长和才能？我能成就什么样的事业？我在别人心目中的形象如何？我怎样走自己的人生之路？等等。但在相当长的一段时间内，并不会形成关于自己稳固的形象。也就是说，你的子女在此时期的自我意识还不够稳定。当取得成绩时，会更多地看到自己的优点，甚至夸大自己的能力，对自我作出较高评价，导致沾沾自喜，甚至居高自傲、盛气凌人的心理。但一旦遇到挫折、失败，往往又会走入另一个极端，灰心丧气、怯懦自卑、委靡不振，甚至自暴自弃。评价别人时也常带有片面性、情绪性和波动性。正像有的孩子所说："你瞧我们班长站在前面那副盛气凌人的样子，不就比我多考了两分吗，就好像我们都要听她指挥似的。"而且，对于周围人给予自己的评价非常敏感和关注，哪怕一句随便的评价，都会引起内心很大的情绪波动和应激反应，以致对自我评价发生动摇。如何建立起对自己的正确认识，变得自信而坚强，是处在青少年期的孩子亟待解决的问题。

随着对外界认识的不断提高，生活经验的不断积累，青少年期的子女的自我意识开始分化，出现了"理想自我"与"现实自我"的区分。这会使子女希望自己处于理想的状态，各方面都非常优秀。还对自我认识产生浓厚的兴趣：关心自己的形象，希望自己的外貌、言行得到他人尤其是异性的好评；关心自

己的能力，希望自己在学习和社会工作中有较出色的表现；关心自己的个性，希望被他人喜欢；关心自己的前途，希望能实现自我理想。由于青少年的子女不断地进行自我观察、自我分析、自我评价，把"现实自我"与"理想自我"加以比较，而在青年时期，现实的我往往总是落后于理想的我，二者之间的矛盾和距离，会使他们感到很痛苦，并产生强烈的内心体验，从此进入一个内心动荡不安、情绪体验错综复杂的时期。

5．性意识觉醒

你的子女在青少年期第二性征的出现，意味着性机能的逐渐成熟。这一变化反映在心理上会引起性意识的觉醒。所谓性意识，一般指子女对性的理解、体验和态度。性意识的觉醒，指你的子女开始意识到两性的差别和两性的关系，同时也带来一些特殊的心理体验，如有的孩子对自己的性特征变化感到害羞和不安，对异性的变化表示好奇和关注等。

青少年性意识有一个持续发展的过程，这个过程大致可分为三个阶段：

疏远异性阶段。青少年在青春发育的初期，由于生理上急剧变化，性别发育差异，往往对性的问题感到害羞、腼腆、不安和反感。于是在心理上和行为上表现出不愿接近异性、彼此疏远、男女界限分明、喜欢与同性伙伴亲密相处等情况。这一时期的性意识是对两性关系由无知到意识状态，是一种朦胧状态。

接近异性阶段。随着年龄的增长，生理、心理的进一步成熟，青少年男女之间会产生一种情感的吸引，相互怀有好感，对异性表示出关心，萌发出彼此接触的要求和愿望，开始喜欢一起学习、参加各种活动和交往，但是在这时期是将异性作为一般朋友，还不属于恋爱。这个阶段的性意识带有朦胧地向往的特点。

恋爱阶段。随着年龄的增长，生理上的进一步成熟及社会生活的全面影响，青少年男女之间开始萌生爱情。仅把特定的异性看做自己交往的对象，持

续地交往，相互爱慕，进入恋爱。这个阶段的爱情多为内心隐蔽的爱情，多以精神内容为主，重视纯洁的感情。

随着对性的了解、探求与尝试的愿望不断增长，如何适应社会文化的要求处理好性要求是你的子女在青少年期必须面临的问题。比如，如何与异性适度交往，怎样讲话、行动才像男人（或女人），怎样引起异性注意以及了解性知识，等等。这些问题对青少年期的子女来说是那么神秘和富有吸引力，然而却往往因为难以处理而造成心理障碍。

有的青少年跃跃欲试想寻找机会体验一下恋爱滋味，于是就会出现早恋、多角恋爱等现象。例如，有一个高中女生，她希望有三个男同学能帮助自己：一个要学习好，以辅导她的学习；一个要能说会玩，陪她玩乐；另一个则要会体贴人，成为她的忠实奴仆。经过一番尝试之后，她竟能如愿以偿，并同时与他们保持超友谊的关系。别人问她将来与谁结婚，她却轻松地回答："我还没想过结婚呢！"这种不成熟的恋爱心理，于人于己乃至于社会都是有害无益的。

有个别青少年置社会规范于不顾，只求满足自身性欲望，滥交异性朋友，在性关系上放荡不羁，荒废了学业，伤害了他人，有的甚至为此犯了罪。初二学生范某看上了初一女生小李，小李长得楚楚动人，但性情十分懦弱。范某抓住小李的这个弱点，在另一个同学的帮助下，常常以送小礼物为由，多次把小李带到偏僻的地方进行猥亵。这使小李的精神受到刺激，常常独自发呆、流泪，说不想上学，自己万分痛苦又不敢告诉他人。直到那个男同学与范某闹翻了，才告诉了学校教导处，这事情使学校的老师和家长都非常震惊。

而另一个极端是，一些中学生对性问题采取忽视、逃避的态度，不与异性正常接触，对异性怀有偏见，有的甚至把性看成为罪恶，这会阻碍其性心理的正常发展，将来在性关系上也很可能会表现出无知、无能、消极逃避等问题，甚至会罹患心理疾病。

田田，初二男生。自幼与父母生活在人烟稀少的建筑工地。性格内向、拘

谨。又由于家中没有姐妹，缺少与同龄异性正常接触与交往的经验，使得他对异性有更深的好奇心与神秘感。一天偶然翻起一本杂志，看到了有关性的描写，一阵冲动情不自禁地手淫了，正巧被三姑撞见，他认为自己手淫是不道德的，成人会把自己看成坏孩子。此后，在社会交往中，一见异性潜意识中的自卑感就会使他恐惧、紧张、脸红，进而又为自己的紧张脸红而恐惧。越怕别人识破自己心中的丑陋，怕被指责为不守规矩的男孩，就越想方设法控制自己的表情。结果，形成了赤面恐惧症，甚至都不能正常上学了。

自杀未遂的少女小莉，向作为心理医生的笔者哭诉："他们都说我看他们（男孩子）了，我真的没看他们！"这是怎么回事？这来源于她童年的经历。小莉的童年是在父母的吵闹声中度过的。心高气傲的母亲无奈地嫁给了其貌不扬、窝囊低能的丈夫。遭遇不幸婚姻的母亲经常告诫她："女孩子要守规矩，世界上的男人没有好东西，与他们接触千万要小心！"在偏僻、闭塞农村长大的小莉，很少有机会接触异性。处于青春期的小莉出落得亭亭玉立、楚楚动人，引来无数异性的目光。她也对男孩子产生了好感、好奇心理，也想与异性进行交往和语言、目光的沟通。这本来是处于青春期的少年男女的正常心理。但是母亲严厉的家教内化为她强烈的自我约束，她认为观看异性会被认为是不道德的事情，这样的女孩儿是不守规矩的。她不断警告自己：不能看他们，千万不能看他们。她压抑着自己与男生交往的动机，越压抑该动机越强烈。因此她痛苦万分，才多次向笔者哭诉："他们都说我看他们（男孩子）了，我真的没看他们。"以至长期痛苦不堪，便服了一把安眠药想了却一生。幸亏发现及时，经抢救把她从死亡的边缘拉回来。后来她再也不想上学，读初二时不得不辍学了。

通过以上叙述，不难看出少年的心理总体上发展的速度是比较快的，但是与迅速发展的身体变化相比，心理发展的速度还是落后于生理发展速度的，身心发展暂时处于一个相对不平衡的状态。因此，这一时期是心理问题的一个高发期，突出表现为心理的多重矛盾性。

◎ 青少年心理发展与心理卫生

一、青少年心理发展

1. 独立性与依赖性

一方面，进入青春期后，"成人感"的迅速膨胀使你的子女在思想言行等各方面都表现出极大的独立性，希望自主，反对权威，竭力摆脱家长的管束，甚至与家长"战火频繁"。有时还没听家长说话的内容，只看到家长对他们那副怀疑的表情就足以让他们的自尊心受到威胁。然而另一方面，子女对父母、成人及长辈又存在较多的依赖性。因为你的子女此时的阅历还不够丰富，面对陌生或者复杂的环境时，往往缺乏信心，难作抉择；同时，在经济上大多数少年还得依靠父母，对家庭的习惯性依赖仍然存在。下面我们就来听听这位母亲的心里话：

我发现儿子上初中之后变得很古怪。开始，有一段时间我还像小学一样过问他的学习，每天吃完饭问问他学到哪了，想帮他背背、默默。可他却说"我都上初中了，你别管我了不行吗？"总把我往外推。有三四天我就看我的电视没理他，他又说了："你就知道看电视，也不关心关心我，这道数学题不会，你快来看看啊！"倒成了我不关心他了？我有时候周末要加班，连着一个月没歇，没想到儿子打来电话问我："你今天又不歇啊？"我好像都看到了他脸上的遗憾，就推掉了手头的工作，赶忙回了家，本想和他好好聊聊。他可倒好，高高兴兴把我迎进门以后又把门一关，到他自己屋去了。简直莫名其妙！

这是个很典型的例子。一方面少年期的子女非常想有自己的空间，证明自己的能力，可遇到困难后又不愿意自己承担，希望得到家人的关心与帮助。而且，还很怀念小时候在父母身边的生活，感觉那样有安全感。家长朋友们，仔

细想一想，这位母亲的感受是否与您的雷同呢？

　　作为家长要想让孩子真正地独立起来，就需要尽量尝试让孩子自己处理一些事件，在独立地处理事情中增长他们的才干。当子女有困难的时候，作为父母的你可以与子女心平气和地沟通，了解子女的愿望和要求。如果只是一味地要求子女独立，而没有与孩子进行有效的沟通，那么很难理解孩子的心灵，在他们困难的时候，作为家长的你很可能想帮助你的子女，却觉得无从下手。

2．闭锁性与强烈交往的需要

　　每个人的心中都会有自己的秘密，处在青春期的少男少女，心中更会有许多的小秘密。珍藏心中的秘密，是少年子女珍视自我、保护自我的一种表现，也是少年心理发展的必经阶段。他们愿意呆在自己的小屋子里，给抽屉加上一把锁，抱着自己的日记本写啊写。原来开朗的性格变得沉默了。这一时期自尊心的增强，使处在少年期的子女更希望别人看到他们存在的价值，希望得到别人的尊重。为此有的孩子不愿意与人交往，不愿暴露自己心中的"秘密"、"缺点"，对人或对事有一定的戒备心理。行动上则具备有了文饰和内隐的性质，经常有意地掩饰自己的真实情感，不愿意把内心的秘密和真实的思想感情轻易地向他人吐露。这表明了处在青少年期的子女心理的闭锁性。这种闭锁性将导致少年期的子女与父母、师长及熟悉的人之间产生一定的心理距离，由于他们感到缺乏可以倾诉衷肠的知心人，于是产生一种难以名状的孤独感，造成自卑、苦闷等心理感受，也给少年期的子女处理与他人的人际关系增加了一定的困难。少年的这种心理的闭锁性与随着生活空间的扩大而产生的强烈交往需要之间，构成了一对难以排解的矛盾。

　　16岁的虹是一位文静内向的女孩。从小受到严格的家庭教育。但由于小时候父母工作繁忙，经常把她一个人反锁在家里，所以很少与人交往。久而久之，虹变得害怕与人交往，敏感多疑，处处设防，总是拒人于千里之外。虹的自尊心特别的强，非常重视自己的地位，无论自己在班集体中的地位、学习的成绩、在老师心目中的形象，还是自己的仪表长相、言谈举止，都十分关注，甚至达到了"斤斤计较"、求全责备的地步。

一次体育课上练习背跃式跳高，本来就不擅长体育的她，一紧张还没到栏杆前就起跳了，结果摔了个仰面朝天。这把体育老师都给逗笑了，幽默地说："佩服！动作完成得不错，就是没碰着栏杆。"老师的玩笑逗得同学们更是哄然大笑，也不知道哪个男同学给她起了个"鲤鱼"的绰号，这绰号立刻在全班叫响，虹的脸通红，"这下可出丑了！"她好几个星期都低着头走路，生怕同学们嘲笑她。后来发展到在课堂上回答问题时，也表现得非常局促、尴尬，常常说不出话来。这时，她是多么需要同学的帮助啊。但她的孤傲，让大家什么都不敢说，生怕伤了她的自尊心。她看着同学之间有说有笑，自己却如此的孤独，十分痛苦，甚至想到以死了却一生。

虹过度的自我保护，让她放弃了与外界的接触，拒绝与他人沟通，把自己封闭在一个狭小的个人空间里，却又常常无法抑制对人际温暖、友情的渴求，总是幻想别人能不计较她的冷漠和傲慢，主动地接近、关心她。有位自杀身亡的年轻人在遗书中这样写道："我感到人情冷漠，特别孤独。如果此时有人哪怕跟我说上一句话，我也不会自寻短见。可是，我与人没有交往，没有朋友，没有知己，无奈，我只好诀别人间。"有许多孩子与虹、自杀的年轻人一样，只要求别人无条件地接纳自己，却不愿意主动地走出自我，积极与他人沟通。作为家长的你可以指导子女进行人际交往，使他们认识到与人沟通并不难，只要能迈出小小的一步，只向别人点一点头、给一个微笑、打一声招呼，他们便会得到更多的回应。家长需要鼓励处在少年期的子女们，鼓励他们放弃自我防卫，主动地与人沟通，只有这样他们才会获得温暖和友谊。

3. 情感与理智

处在青少年期的子女情感异常丰富，但情绪不够稳定，往往容易感情用事。虽然也懂得一些处世道理，但不善于处理情感与理智之间的关系，不能用理智控制自己的行动而感情用事，常常伤了和气，误了事。事后却为此追悔莫及、苦恼不已。

初中二年级学生小刚，一天放学刚出校门，就被迎面过来的一辆自行车撞

倒了，那人还反说是小刚故意撞人。幸好遇到同班同学小亮，一个健步冲上去揪住了对方的领口，与他理论起来，对方一看来者不善，也就没有再纠缠。小亮是班上出了名的"打手"，就喜欢用武力解决问题。事后，告诉小刚："就要给他们点颜色看看。"还要他一起去见见世面。小刚出于感激，又一时好奇，就跟他到了另一所学校的门外。刚一到，就看见两队人马，一副剑拔弩张的样子，话不投机，小亮就与他们打起来了。开始，小刚只是在旁边观战，眼看着自己的朋友——小亮就要吃亏，小刚马上奋不顾身地参加了战斗。事后，小亮"邀请"他加入自己的队伍。小刚一方面觉得自己没有理由去伤害一些与自己毫不相干的人，但又认为小亮对自己有恩在先，拒绝了人家不够朋友，为此陷入了内心的矛盾斗争之中，心里非常焦虑。

后来在妈妈的教育下，小刚终于理智地拒绝了小亮。感激归感激，但做人要有自己的原则和道德底线，更要做个知法、懂法、守法的好公民。不久后，一位被打的学生向公安机关报案，小亮等人被处以2000元罚款，并被学校记过处分。想起这件事小刚就后怕，但同时也非常庆幸在母亲的帮助下，自己作出了明智的选择。

青少年的情感往往容易受外界环境的影响与诱惑。重"义气"，崇尚"为哥们儿两肋插刀"，使他们遇事不能冷静思考，让所谓的"正义感"、"同情心"、"报恩"等想法支配了自己，头脑一发热，就"挺身而出"。往往只要一人提议，不分是非，不计后果，就共同响应，甚至导致违法犯罪。作为家长的你，可以像小刚的母亲那样，耐心地劝导他们，教导他们在感情冲动时，冷静地思考片刻，向小刚学习，用理智战胜感情。

4. 理想与现实

青少年多朝气蓬勃，富于幻想，胸怀远大的理想与信念，对未来充满美好的向往。然而往往又是急躁的理想主义者，对现实生活中可能遇到的困难和阻力估计不足，以致在升学、就业、恋爱等问题上遭受挫折，或一旦困惑于现实生活中某些不正之风，容易引起激烈的情绪波动，出现沉重的挫折

感，有的甚至悲观失望，陷入绝望的境地而不能自拔。笔者在心理咨询中有这样一个事例：

小睿出生于知识分子家庭，在做教师的父母的言传身教之下，他积极向上，勤奋好学，诚实正直，疾恶如仇。他读了许多中外政治、历史书籍，追求理想主义的社会，对现实有自己的看法，对社会的丑恶现象深恶痛绝。但是他看问题往往缺乏辩证的、全面的观点，过于偏激，对挫折、困难估计不足，常常陷于理想与现实的矛盾之中，内心十分痛苦，便求助于心理咨询师。在心理咨询师的帮助下，他学会一分为二地看待社会的进步、光明和不足，认识到在社会主义的初级阶段一些不尽如人意的，甚至丑陋的现象客观存在。作为青少年要用自己的智慧、才能贡献社会，学会在力所能及的范围内做一些事情来改变不合理的现实。在不能改变时，要能够接受它，明哲保身地生活下去。这就使小睿找到了生活的目标和方向，重又恢复了朝气蓬勃、积极向上的心态。

正是因为青少年期的子女在成长的过程中所具有以上所说的生理、心理特点以及由此产生的多种心理矛盾，几乎每个青少年孩子都生活在这些矛盾的包围当中。所以，他们常常会为此产生疑虑、困惑、迷茫，进而感到苦恼、沮丧与不安，这是成长中正常的情绪反应。有矛盾并不可怕，如果家长能够指导子女适当地化解这些矛盾，少年子女就会在这些矛盾的解决中成长与进步。如果这些心理矛盾与困惑没有得到及时的化解，就有可能产生心理偏差，长此以往，就可能产生心理障碍甚至罹患心理疾病。因此青少年时期是心理问题与心理障碍、心理疾病的高发期。在医院的心理门诊中，应诊的青少年占应诊人数的70%～80%呢！

有的家长朋友会说，照你这么说，我们的孩子在中学阶段就应该认倒霉，就应该承受心理困惑、心理障碍甚至罹患心理疾病了？我们做父母的就无能为力了吗？不是的，作为家长可以根据我们以上介绍的内容，了解子女的生理、心理特点，学习心理卫生知识，对子女进行科学的家庭心理健康教育。

二、调适青少年心理发展问题

1. 吸烟

现在青少年吸烟的较之以前有增多的迹象，家长要想杜绝孩子的吸烟行为，首先要了解孩子吸烟的各种心态，其主要有以下几种：

（1）好奇型。

在家里，许多家长茶余饭后往往朝沙发上一躺，继而点上一支香烟，吞云吐雾的，还美其名曰："饭后一支烟，赛过活神仙。"在社会上，待人接物、走亲访友等社会活动，无一不是烟搭桥。在学校，有的教师一下课，立即就点上一支香烟。这一切都强烈地吸引着涉世未深的青少年，使他们产生了想尝试一下的欲望，于是就开始尝试着吸烟。

（2）欣赏型。

青少年模仿能力极强，他们往往受着影视剧中人物的影响，觉得他们吸烟很神气，有风度，有气质。特别是他们所崇拜的影视明星，对他们的诱惑就更大。现在的青少年，不少是"追星族"。一些影视明星已成为孩子心目中的偶像，明星们的一举一动都牵动着他们的心灵，让这些青少年如痴如醉，有的甚至深陷其中不能自拔。有位学生坦言："某影视明星吸烟的神态、动作，简直是绝了！班上几位同学抽烟，处处都在模仿他。"现在的影视剧，男女主角吞云吐雾的"气派"镜头充斥屏幕，怎能不引起青少年中"追星一族"的模仿呢？

（3）时尚型。

随着社会的发展，许多家庭的生活也越来越富裕，给予学生的零花钱也越来越多。有部分家长每月给学生的零花钱多达上百元，这无疑给子女讲排场而吸烟创造了物质条件。孩子们的攀比往往体现在谁抽的烟档次高，不少青少年抽的香烟大多是一些中高档香烟。在青少年眼里，吸烟已经开始成为了一种讲

排场、显示身份的时尚，有的学生甚至因为完全没有抽过烟，而被同学嘲笑跟不上时代的发展，缺少男子汉气概等。有的孩子本来不喜欢抽烟，可看到身边的同学都在吸烟，固有的从众心理、不平衡心理，使他们也加入抽烟一族的行列。

（4）消遣型。

一些青少年因厌学、父母离异、受到挫折、无聊等诸多原因，整天沉溺在吞云吐雾的日子里，想借此来缓解内心的痛苦。这类孩子后来大多成了"瘾君子"。寝室、厕所、旮旯处就成了他们抽烟的好去处。

过早吸烟对青少年的危害是显而易见的。过早吸烟容易让孩子养成乱花钱的习惯，容易导致他们精神不振，学习成绩下降。过早吸烟使青少年的心理也会出现不同程度的障碍，过早吸烟对青少年身体的伤害也是十分严重的。据不完全统计，90%以上的违法青少年均是"瘾君子"。这些孩子的年龄大多在12～15岁之间，正是长身体、学习知识的黄金时期，无论什么理由，都不应该过早抽烟。

家长加强对青少年期的子女的管理教育是当务之急。针对子女吸烟的心态，家长可采取以下方法纠正：

（1）加强宣传教育。

家长可以向孩子大力宣传吸烟的危害性，积极创建"无烟家庭"，创设良好的氛围，把吸烟消灭在萌芽阶段，培养孩子健康的积极的心态。

（2）关心爱护吸烟的孩子。

对于吸烟的孩子，千万不要随意地讽刺、训斥，甚至体罚，这样不仅毫无效果，而且还会使他们本就脆弱的心灵产生逆反情绪，事与愿违。家长要用爱来感化吸烟的子女。对他们的教育要晓之以理、动之以情、循循善诱。

（3）正确的心理疏导。

对于吸烟上瘾的孩子，他们已对香烟产生了依赖心理，容易产生反复现象，即戒了吸、吸了戒。家长要对他们进行正确的心理疏导，让孩子明白，戒烟是一种长期行为，要有耐心、毅力。试图通过一两次的工作使子女完全戒掉

烟瘾是不现实的。家长对孩子的教育要有信心，相信他们，要坚持不懈地努力。

（4）家长从自身做起。

有极少部分学生，自幼就有吸烟的坏习惯，有的还是家长有意培养的。有的家长给子女的零花钱较多；有的家长认为孩子迟早都要加入吸烟的行列，对子女吸烟熟视无睹，认为吸烟没有什么大不了的，又不是吸毒。更为严重的是，现在许多学生的父母外出打工，学生缺少父母的关爱，吸烟无人管理。所以，家长应该从自身做起，转变自己对吸烟的错误观念，才能更有效地教育吸烟的孩子。

2. 反抗心理

家长常常埋怨孩子总与自己唱反调，你说东，他偏向西，下面我们听听孩子和一位家长的倾诉。

"我的父母管我管的不是地方，烦死人！我已经是个中学生了，我有能力管理自己的生活，可我的父母总是怕影响我的学习，硬是不让我参加我所喜欢的各种活动。再说，我们同学之间打电话不是很正常的吗？可我父母却经常阻止我给同学打电话。我跟同学约好的事常常没法联系。尤其是我妈妈，一有女生来电话，她就唠叨个没完，并追根究底地查问……同学们常讥笑我，说我父母是'警察'。我感觉他们（父母）不是真的关心我，我需要他们关心的事，他们却不关心；我不想让他们管的事，他们总是问个没完。我感觉真的很郁闷，有时候我都很想自杀。"——一个中学男生的自白。

"尽管我知道孩子一上中学就会进入第二个反抗期，也提前做好了心理准备，但还是无法接受越来越难管教的女儿。比如，她过去起床还知道把被子叠一下，这段时间不叠了，说这叫不修边幅，不拘小节。她把时间全部用在镜子跟前。我曾三令五申不准留长发，但无奈她的气焰'非常嚣张'，你若动她一根头发，她就会和你拼命。我只得睁一只眼闭一只眼，眼看着她那头发日益'成长壮大'。穿衣服也越来越挑剔，这种颜色太旧，那种颜色太土，这件衣服太长不时髦，那件颜色发白旧了不能穿，一大堆的衣服只剩两三件能穿，有

时她喜欢的衣服晚上洗了白天穿，一点都不怕麻烦。

最要命的是她的脾气越来越坏，处处事事跟人闹别扭，整日里不是摔盆就是打碗。过去她从不发火，现在一说起话来就火冒三丈，你才跟她说点什么，话音还没落，那句让人气愤的'我知道'早已出口。然后便是'你以后别管我，我们班同学都说他们妈妈从来不多管他们的事儿，可你呢，我留个长发你都要指手画脚。'

暑假本想让她多休息，给她多做点好吃的，她却嫌有人在她跟前，说要自己独处，让她一个人在家，想干什么就干什么。我想叫她以学业为重，不要与男孩交往，把心思多放在学业上，可她总是嫌我多事，她这反抗期要到什么时候才能过去？"——一位中学生母亲的自述。

从以上子女和家长的述说中，我们清楚地看到了青春期少年反抗心理的表现。

青春期是青少年的心理断乳期，他们的独立意识和成人感开始出现，而这时父母往往还把他们看成是小孩子。而反抗心理是青少年期的子女普遍存在的心理特征，中学阶段是个体发展过程中出现的第二个反抗期，青少年希望成人能尊重他们，承认他们具有独立的人格。

青少年期产生反抗心理的原因是什么呢？

青少年期反抗心理的产生有其生理和心理两方面的原因。

生理方面：

青少年期中枢神经系统的活动性明显增强，但性腺的机能尚未成熟，两者之间产生了不协调。生理学家指出，只有当中枢神经系统的功能与身体外周相应部分的活动达到协调时，个体的身心方能处于和谐的状态。而青少年生理的发育使其神经系统的反应与外界刺激的强度两者之间应有的相互依存协调关系被打破了，中枢神经系统过分活跃的状态使得青少年对周围的各种刺激，包括别人对他们的态度等表现得过于敏感，如果此时父母在教育观念和方法上不能适应他们的心理需要，就会引起他们的严重心理冲突，并导致心理危机，他们的反应也会过于强烈，常因区区小事而暴跳如雷。

心理方面：

（1）自我意识的突然高涨和独立意识的产生是青少年反抗心理出现的原因。随着自我意识的高涨，他们更倾向于维护良好的自我形象，追求独立和自尊。但由于其自身能力的局限，想法和行为往往不能被现实所接受，屡屡遭受挫折，于是就产生一种过于偏激的想法，认为行动的障碍来自成人，便产生了反抗心理。独立意识的产生使青少年期的子女迫切地要求享有独立的权利，将父母给予的生活上的关照及情感上的爱抚看成他们想独立的障碍，将老师及其他成人的指导和教诲也看成是对自身发展的束缚，为了获得心理上的独立感，他们对任何一种外在力量都有不同程度的排斥倾向。可以说，青少年的反抗心理，在很大程度上是为了表明他们自己已经是成熟的大人了，而并非还是个孩子。

青少年子女的反抗心理的普遍性，表现为对一切外在事物予以排斥。大到对社会期望的反叛，对社会习俗和价值观的逆反和批判，小到在微观环境中对家长、老师的反抗。在这种普遍的逆反倾向中，子女对父母的反抗性表现得尤为突出和普遍。这种反抗性时常包含着蛮不讲理的意味，甚至是为了反抗而反抗。

（2）另外，如果家长不理解处于青春期的青少年有特殊的心理需要，当反映这种需要的想法和行为与家长的想法不一致时，家长可能误认为是子女反抗心理的表现。为了不误解子女，家长应该了解处于青春期的青少年多方面的心理需要。

那么处于青春期的青少年有哪些心理需求呢？大致有以下八个方面：

①脱离成人而独立的需要。不满足于过去处处依赖成人的生活，而要独立寻找新的生活。这时家长往往认为他们不如儿童时听话了。

②塑造自己的需要。总想按照自己的个性去发展自己。如，想把自己塑造成一个热情、活泼、多才多艺、富有活力的青年形象，从外表到内心都体现出这一点。

③学习各种知识的需要。不仅是课堂知识，还希望学习课外的文学、艺

术、科技、医学、计算机等学校书本以外的知识。

④闲暇时间的需要。渴望有充裕的业余时间发展自己的兴趣、爱好，做他们喜欢做的事情。

⑤社交的需要。需要与同龄人、朋友和伙伴的交往。

⑥选择职业或专业的需要。按自己的兴趣和个性，选择职业或专业。

⑦情感交流的需要。渴望友谊，渴求异性的青睐。

⑧得到尊重和理解的需要。尊重他们的人格，理解他们的情感。

（3）父母榜样作用的削弱也是子女与父母关系疏远的原因之一。随着青少年生活范围的扩大，会有其他成人的形象从各种途径进入他们心中，这些人物都是被传媒宣传得几乎完美的形象，相比之下，父母就显得黯然失色了。再加上青少年思维水平和认识能力的提高，逐渐会发现父母身上的许多缺点，这些都削弱了父母的榜样作用，使他们不再是子女心目中的模仿对象了。

由此可见，青少年独立意识的增加以及父母权威作用的降低使他们与父母的交往变少，并产生了日渐脱离的倾向，在寻求独立性的同时，青少年会感到力不从心，无法在客观上摆脱对父母延续的依赖，而父母因为感到对孩子的责任，还是一如既往地给予无微不至的关怀。在现实生活中，许多父母常以十分矛盾的态度对待孩子：一方面急切地望子成龙，处处以高标准要求孩子，期望值常常超过了孩子的年龄和理解能力；另一方面，家长们又往往不能洞察孩子的内心，尤其对青春期的青少年设置了诸多的"禁区"，妨碍孩子的正常心理发展，造成他们心理失衡，产生烦躁、不安、焦虑、紧张、苦闷、沮丧，甚至还会导致心理疾病。所以独立性的寻求和依赖性的延续之间的矛盾致使青少年的独立性以另一种方式——反抗性表现出来，成为其独立性受挫后的一种反抗心理。

青少年的反抗心理对他们成长的有利的、不利的因素是什么？

青少年的反抗心理包含着思想上的批判性和独立性，如果正确引导便可以发展成为敢想敢做、不迷信权威、勇于开拓、积极进取的良好品质。青少年的反抗心理还使他们在不自觉中采取了有益于身心健康的行为方式：他们苦闷时

敢于发泄，不满时敢于直言，压抑时敢于反抗。

但是另一方面，这种反抗心理也会带来许多消极影响。青少年的桀骜不驯，感情用事，固执己见，好走极端，不仅阻碍他们自身的积累和进步，而且会伤害到他们与父母及其他人之间的感情，对父母的健康也带来不良影响。所以对子女的反抗性必须加以引导，帮助他们重建与父母的关系。

面对子女的反抗心理，家长怎么办？

对父母而言，应该认识到青春期的成长不仅仅是属于孩子的，父母也需要与孩子一起成长。

面对子女的反抗心理，家长需要改变一些传统的观念和行为。

第一，家长要放下权威的角色，尊重孩子的独立性，珍视他们的批判精神，对于他们与成年人不同的观点认识，要一分为二地看到他们所表达内容中的合理的部分，加以肯定。

第二，家庭还要营造一种民主和谐的心理氛围，家长把子女当成人，与子女建立平等的关系，主动与他们交朋友。允许子女发表自己的意见和建议。减少他们的对立情绪、反抗心理。

第四，家长还要把子女当成正在成长发育的人，要了解、理解他们的年龄特征，对于青少年期的子女因不成熟而表现出来的反抗心理，不要嘲笑斥责，当然也不能放任自流。要善于启发引导，使其认识到自己的不成熟，学会全面看问题，克服反抗心理，使其健康地成长。

3. 贪婪心理

阿桂来到心理诊所，很不好意思地对医生讲，自己正处于迷惑与选择之中。不知是父母小时的教育不当，还是与生俱来的贪婪性，自己对物质方面有着很强的"占有"心理，从几支大头针，到建筑用的砖头、公家的订书机等，都想拿回家。她明知这样不对，有时就是控制不住自己。

阿桂自己已经意识到自己的贪婪心理。所谓贪婪是指贪得无厌，不知满足。

一般而言，贪婪心理的形成主要有以下几个原因：

(1) 错误的价值观念。

认为社会是为自己而存在，天下之物皆为自己拥有。这种人存在极端的个人主义思想，是永远不会满足的。他们会得陇望蜀，有了票子，想房子，有了房子，想位子，从不会满足。

(2) 行为的强化作用。

有贪婪之心的人，初次伸出手时，多有惧怕心理，一怕引起公愤，二怕被捉。一旦得手，便喜上心头，屡屡尝到甜头后，胆子就越来越大。每一次侥幸过关对他都是一种条件刺激，会不断强化贪婪心理。

(3) 攀比心理。

有些人原本也是清白之人，但是看到与自己境况差不多的同学、亲戚，甚至原来那些比自己条件差得远的人都过得比自己好，心里就不平衡了，觉得自己活得太冤枉，由此也学着伸出了贪婪的双手。

(4) 补偿心理。

有些人原来家境贫寒，或者生活中有一段坎坷的经历，便觉得社会对自己不公平。一旦有机会，就会索取不义之财，以补偿以往的损失。

贪婪心理的危害性是显而易见的。具有贪婪心理的人，助长了自己不劳而获的思想，如果得不到有效的制止，可能导致小偷小摸，长此以往可能进一步导致盗窃、贪污等违法犯罪行为。所以贪婪心理是万恶之源，它导致违法犯罪行为，严重地影响中学生的身心健康，危害家庭，更危害自身的前程，为自己的前途留下污点。还会危害和谐校园的构建以及社会的安宁。

贪婪并非遗传所致，是个人在后天社会环境中受病态文化的影响，形成自私、攫取、不满足的价值观，而出现的不正常的行为表现。

家长应帮助子女纠正贪婪心理，具体方法如下：

(1) 给孩子提供格言自警。

古往今来，仁人贤士对贪婪之人是非常鄙视的，他们撰文做诗，鞭挞或讽刺那些索取不义之财的行为。家长可以给孩子提供一些名言警句，例如：

格言1"知足常乐"，指一个人知道满足，就总是快乐的。形容安于已经得到的利益、地位。（出处：知足常乐语出《老子·俭欲第四十六》："罪莫大于可欲，祸莫大于不知足；咎莫大于欲得。故知足之足，常足。"意思是说，罪恶没有大过放纵欲望的了，祸患没有大过不知满足的了，过失没有大过贪得无厌的了。所以知道满足的人，永远是觉得快乐的，格言2"壁立千仞，无欲则刚。"（出自林则徐的对联"海纳百川，有容乃大；壁立千仞，无欲则刚。"的下联。）它的含义是，千仞峭壁之所以能巍然屹立，是因为它没有世俗的欲望；借喻人只有做到没有世俗的欲望，才能达到大义凛然（刚）的境界。意思是心境清静淡泊，没有世俗的欲望。格言3"澹泊明志，宁静致远"（出处：三国·蜀·诸葛亮《诫子书》）"非淡泊无以明志，非宁静无以致远。"汉·刘安《淮南子·主术训》"是故非澹泊无以明志，非宁静无以致远。）澹泊是指不追求名利；宁静指心情平静沉着。"澹泊明志，宁静致远"的意思是，不追求名利，生活俭朴以表达自己高尚的情趣；心情平稳沉着，专心致志，才可有所作为。让孩子牢记一些勉励人们杜绝贪婪心理的诗文和名言格言，朝夕自警，有助于预防和纠正贪婪心理。

（2）帮助孩子学会自我反思。

让孩子在纸上连续20次用笔回答"我喜欢……"这个问题。回答时要求他们不假思索，限时20秒钟，待全部写下后，家长再逐一分析哪些是合理的欲望，哪些是超出能力的过分的欲望，这样就可明确贪婪的对象与范围，最后对造成贪婪心理的原因与危害，家长帮助孩子作较深层的分析。分析贪婪的原因是有攀比、补偿、侥幸的心理呢，还是缺乏正确的人生观、价值观。分析清楚后，让孩子下决心，要堂堂正正做人，纠正贪婪心理。

心理调适的最好办法就是教育孩子知足常乐，"知足"便不会有非分之想，"常乐"也就能保持心理平衡了。

4. 迷信心理

一个家长最近有点烦："不知从什么时候起，我的孩子喜欢在网上算命占卜，还整天把'星座'、'运势'挂在嘴边。"明年孩子就要高考，她担心孩

子沉湎于这些互联网上的"高科技迷信"会耽误学业。

中学生王某和李某面对面坐下，两人的手紧贴在一起，夹住一支铅笔，将笔垂直悬在半空。"前世，前世，我是你的今生，若要与我续缘，请在纸上画圈。"两人一起念着"咒语"。许久，笔竟然开始动了起来，颤颤悠悠地，在白纸上画出不规则的圆圈。'笔仙'，'笔仙'，是你来了吗？"王某问。笔尖缓缓地向"是"字挪去。两人都睁大了双眼……

一段时间以来，王某和李某每天都在玩这个"请笔仙"的游戏。这是一个在中学生中盛行的游戏——从"男朋友是谁"到"几岁结婚"，从"考试能不能过"到"将来挣多少钱"，甚至连"什么时候死"这样的问题，王某和李某都会请教"笔仙"。

在一所中学附近的几个零食摊点上，不乏一些带有迷信色彩的玩具混迹其间，如许愿瓶、幸运草物品、幸运石、祈求符之类，价格往往在两三元钱左右。小萱说："每次考试前都有不少同学来买这些东西，保佑自己能考好，自己也怕被人落下就也跟着买。"一些女生喜欢"天妖之泪"的巫术游戏。游戏声称摘取一些花瓣，带着雨水将其置入瓶中，瓶中的纸片写着名字，这样一个星期之内就可以和你写在纸片上的人成为好朋友。一位高二学生安妮说："巫毒娃娃现在也比较流行！就是一个用线头千缠百绕而成的小人偶，当'主人'用大头针把写有'仇家'名字的布条刺入玩偶的心脏部位时，就能够给'主人'的'仇家'带来厄运，能保护自己免遭他人陷害，功能十分强大，包括恋爱系、治愈系和诅咒系，'恋人娃娃'、'偷心娃娃'、'转运娃娃'等。"这些传统巫术换个时髦的花样就进入了校园。

一些星座、血型、生肖与性格之类的书，已成为校园附近书摊上最畅销的图书。一些专门给中学生看的读物也会刊登所谓"运程分析"和打着心理测试幌子的测试题，还有专门的小册子销售。包括星期几早上吃什么东西、哪天上学必须步行、穿哪种颜色的袜子能提升人气等内容。这类迷信的测试题目在部分学生中十分流行。

孩子迷信的原因主要有以下几点：

（1）家庭影响。

家庭环境，是中学生思想观念形成的第一因素。父母的思想行为对青少年的潜移默化，意义重大。祖母念经，少儿拜佛；父母信鬼，孩子怕夜；成人迷气功，少儿练功法。有一位小学女生写道："我妈妈信耶稣，常带我去做礼拜，见大人们那么诚心，在庄严的教堂里，我也信上帝了。""当时我想祝大家升官发财，不生病，美满幸福。"这是一位男孩子随父母烧香跪拜时的想法。因此，家庭成员对孩子的影响，是迷信观念产生的重要因素。

（2）期望会给人心理暗示。

原本很多学生都借"巫毒娃娃"等迷信发泄自己的仇恨，或表达对某人的爱意，或是祈求健康、快乐等心理，本身就带有一种心理暗示。这种带有迷信色彩的物品，不断诱发青少年的好奇心。学生有强烈的好奇心，又面临着学业、感情等多重压力，对前途感到茫然时，希望以此来找到突破口，期望对一些困扰自己的问题给出答案。这种期望也是一种心理暗示。

（3）迎合大众心理需要而设置。

一些占星术、星座学看似有理的描述，其中又有何奥妙呢？实际上这也有"巴纳姆效应"。20世纪，随着电影业的发展，马戏业受到了冲击，许多马戏团纷纷倒闭。有个叫巴纳姆的马戏团却总能吸引观众。说到诀窍，团长巴纳姆说："我们尽可能演符合大众口味的节目，演出的节目里包含了每个人都喜欢的成分。"心理学把这个故事衍生为"巴纳姆效应"——只要是普通大众都喜欢的说法，一般都能受到欢迎。比如"你不大愿意受人控制"、"你以自己能独立思考而自豪"、"你希望别人尊重你"……诸如此类的描述，都是一般人乐于接受的。这就是占星术的生存奥秘。

（4）从众效应。

现在的中小学生，攀比心理十分强烈。穿戴比时尚，花钱比大方，书包比功能，考分比高低，送礼比阔气。中学生好奇心强，模仿性强，判断是非的能力又较差，这使他们容易受他人影响，产生从众心理。比如星座占卜广泛流行，很快成为中学生中的一种"文明时尚"，不少中学生课间的讨论都围绕着

169

星座、风水等话题，班级里的"星座大师"很快就成为众人关注和崇拜的对象，影响着越来越多的中学生。

（5）高科技迷信的泛滥与形式欺骗性的增强，使迷信更有隐蔽性。

首先，星座占卜等高科技迷信来自西方，背后有一套星座理论做支撑和美丽的神话故事做铺垫，还有许多设计十分精美华丽的"副产品"，比如手机挂饰、文具、项链等在市面上大量流传，特别容易吸引青少年。再加上网络和许多青少年刊物的推波助澜，使高科技迷信在中学生中大有泛滥之势。其次，星座、占卜网站或书籍上的一些"预测箴言"利用大多数人的气质和个性都是混合体的特点，归纳出某些共同点，措辞模棱两可，有些中学生看到其中的预测与自己的某些特点相符，就认为书上说得很准，于是对星座占卜产生了浓厚的兴趣。社会心理学家曾经通过实验得出这样的结论：当预测的结果与自身的经历巧合时，会形成强烈的心理刺激，使人深刻感到"预测很准"；反之，当出现不准的结果时，人们则常常表现出很容易就忘记这样的预测的倾向。也就是说，人们往往记住的只是预测得准的结果，在不知不觉中接受了预测带给人的心理暗示并形成经验固定下来。

对于家长来说，如何对待有迷信心理的孩子呢？

（1）家长正确引导，切不可强制禁止。

网络或玩具制造商调动了孩子的好奇心，而学生又有这样的内在需求，正好符合了孩子的心理。至于是否因此就会给孩子的心理带来严重的不良后果，还取决于家长是否能正确引导孩子，如果孩子单纯当做娱乐来玩，而遭到家长勒令禁止反而容易产生逆反心理，那就适得其反了。家长应该正确引导，并培养孩子其他方面的兴趣爱好，这才是明智的做法。

（2）帮助孩子改变迷信心理，进行自我认知矫正。

家长帮助中学生逐渐认识迷信心理的非科学性，让孩子认识到人生美好的命运和前途不是借助于虚无缥缈的神的外力实现的，只有靠自己的刻苦努力，才能牢牢地把握自己的前途和命运。家长要帮助孩子分析迷信心理的不合理性，找出认知错误，用事实、常理予以驳斥，得出科学的结论，破除迷

信心理。

(3) 创造科学的家庭心理氛围。

家庭心理氛围也是改变中学生迷信心理的重要阵地，家长应该以身作则，认真学科学，用科学，不参加迷信活动。同时还要帮助、鼓励孩子树立科学的人生观、价值观，学会用客观的、发展的、辩证的思想看问题，不断地增强明辨是非的能力。

(4) 家长的积极引导和沟通。

家长应该与子女进行平等的交流，关注他们的内心世界，尊重他们的意见，让他们能自由地表达、倾诉；不压制子女的好奇心，营造适合培养子女科学兴趣的环境，使他们的注意力从迷信上转移开，将求知欲引向科学的轨道。比如家长参与孩子感兴趣的有意义的活动，针对孩子的个性特点培养兴趣和业余爱好，积极鼓励孩子参加各种社会实践活动等，例如科学实验、文娱体育、社会助人等活动。

5. 厌学

厌学是学生失去学习动机和兴趣，不想学、不爱学，对学习产生厌倦、厌恶乃至逃避的心态。即便是到校上课，也是人在教室心在外。不愿听讲，不做笔记，课后不做作业，进而逃学、旷课，甚至辍学。厌学常常伴随焦虑或者抑郁、恐怖情绪，甚至得了"学校恐怖症"。厌学情绪对少年的危害极大，不仅削弱少年的学习动机、积极性，危害其身心健康，甚至会影响其终生的成长。

据中国儿童心理卫生专业委员会一课题组对两所中学的调查，占59.3%的学生有厌学情绪。其中有学习困难的学生，也有成绩优良的学生。北京一政协委员调查，占30%甚至更多的学生厌学。在很多的青少年心理咨询门诊中，较多的问题是：我不愿意学习或学不进去怎么办？许多家长反映：孩子在幼儿期、小学低年级时还喜欢学习，随着年龄的长大，厌学的情绪越来越严重。下面结合案例，我们来讲一讲厌学的表现，并对厌学的原因进行分析。

任何现象的产生都是有原因的，厌学也不例外。厌学的表现是多种多样

的，原因也是复杂的、多方面的。

案例1

小岩的班上新来了班主任，班主任为了了解学生的学习程度，进行了一次考查。考查后，她便按这一次的考试成绩把学生分成"好差"两类排座位。成绩好的坐教室的中间，成绩差的坐两旁。聪明上进的小岩，学习勤奋，成绩一直很优秀，但是因病请假没能参加那次决定"命运"的考试，就被分到了"差生"之列，坐教室两旁。小岩在家长的帮助下，想通过自己努力学习、获得好成绩的行动证明自己的实力，自强不息的小岩在巨大的心理压力下，仍保持前十名的成绩。尽管如此，却仍然受到班主任老师的冷落，曾被撕毁笔记本。家长请求调换座位，班主任虽然勉强答应，给他调到了"好学生"座位，但是为此老师认为家长在变相告状而对小岩更冷淡了。其他老师想通过鼓励表扬来提高他的学习积极性，却被该班主任阻止，说："我都不带他玩了。"小岩再也不能集中精力学习了，不愿意写作业，成绩明显下降，后来竟表示不想上学了。

案例2

学生小明，考试成绩排名第六，父母轮番责备：为什么别人能考第一、第二，你却只考第六？自此小明唯恐考试失败，达不到家长的要求，便从开始恐惧考试到恐惧学校，以至后来死活不上学了。并且小小年纪就得了高血压病。

案例3

小莉原来有一个幸福的家，父母都很疼爱她。可是后来小莉的父母离异了，抚养小莉的母亲又远渡重洋出国打工，小莉不得不跟随年迈的外祖母生活在一起。小莉突然同时失去了父、母的爱，她期望以撒娇、"甜言蜜语"换取外祖母的爱抚来弥补父、母的爱的缺失，却得不到严肃、古板的外祖母的理解。她的性情变得越来越暴躁。在学校里，她无端地发脾气，常与同学有口角、摩擦，老师又不喜欢她。她已向老师做了检查，改了与同学吵架的缺点，也得不到老师的宽恕——不允许她和同学们一起去春游。她情绪特别低落、抑

郁，经常以泪洗面。她恨透了老师，甚至有与老师同归于尽的念头。因为恨老师而不愿意上学。

分析厌学的原因，大致有以下几个方面：

（1）学校教育方面的原因。

随着社会的进步，现代学校的教学内容比以前的知识深度、广度增加了，客观上讲这是完全有必要的。但是专家认为，从整体上看，学校教学内容过高、过多，学生的学业负担过重，已经大大超过了这一年龄段大多数的孩子所能承受的程度。另外学校师资水平参差不齐，有些学校的教师教育方法不当，教学效果差。另外，我国最早的一批独生子女，现在已经走上了工作岗位，因此学校已经出现了独生子女教独生子女的情况，这也给学校教育带来一定困难。案例1在小岩的故事中，老师把学生分成三六九等的做法极大地伤害了广大学生的自尊心。又因一次没能成行的考查，就判断小岩为差生，更不合适。显而易见，教师的偏见、教育方法不得当是造成小岩厌学的根本原因。这虽然是个别现象，但是对学生的学习积极性的影响是存在的。

（2）家庭教育方面的原因。

在家庭教育方面，第一是父母对子女的期望过高、不切实际。目前我们许多青少年的父母大都是"文革"中成长起来的一代，面对改革开放后日益激烈的社会竞争，饱尝了读书少、缺乏知识，在激烈竞争的社会里处于劣势的苦衷，因而这些父母们把孩子看成是自己生命的延续，自己曾失去的东西，统统地期望在孩子的人生中得到体现。这就导致了不少父母对孩子的期望过高，有些不切实际的要求。在案例2中，小明的父母就是这一类家长。小明的成绩排班级第六名，算是中上水平。但是父母非但没有鼓励他，反而认为孩子不够努力，受到父母的轮番责备，使小明失去了学习的信心和积极性，进而厌学。

第二是家庭不稳定，少年朋友缺少爱。孩子成长中需要关心、爱护。这一需要得不到满足，就会情绪不稳，爱发脾气，这样一来，老师同学都不喜欢，其情绪就更不好。孩子在这些负面的情绪下学习，怎么能学习好呢？案

173

例3中小莉的遭遇就反映了这个问题。

目前单亲家庭越来越多，在单亲家庭中长大的孩子也许更缺少爱。有的家长人格有障碍，老发脾气，夫妻感情不好，成天吵架，使孩子每天都在战战兢兢的心态下生活，也会影响少年的学习兴趣。

小霞的父亲性情暴躁，易激惹，常因琐事而大发雷霆。为此父母经常吵架，因此她总是害怕他们哪天会离婚，甚至担心父亲会杀了母亲（因父亲是警察，有枪）。为此她患了强迫症，头脑中总有不必要的观念盘旋，她学习时注意力不能集中，痛苦万分，长此以往就厌恶学习了。

第三是家长的教育方法不得当。有的家长过度关注，有些家长对孩子物质上无限满足，要什么给什么；精神上百依百顺，使孩子只能接受表扬，不能听到批评，造成孩子心理承受能力差，这些孩子往往容易在人际关系上受到挫折。

京津的父母拼命挣钱，可算是家财万贯。父母什么活都不让他干，所有时间都让他学习。爸爸认为挣钱就是给孩子花的，京津出手阔绰，衣服穿名牌，吃饭下饭店，饭来张口，衣来伸手。京津意志品质欠缺，一遇到困难就不想学习了，常常做不完作业，所以学习成绩很差。爸爸很失望，后来便非打即骂，妈妈却袒护着京津："孩子已经够苦的了，差不多就得了。将来没工作我养着。"京津已经留级好几次了，觉得很丢面子，更不愿意学了。

(3) 环境因素。

环境因素主要包括两个方面，一是社会的人文环境，历史积淀的传统观念；二是孩子日常的人际关系，包括师生关系，同学、朋友关系等等。

女孩小夏，生活在关系复杂的大家庭中，父亲懦弱、老实，由于她是个女孩，自己和母亲备受屈辱，爷爷奶奶常常指桑骂槐、恶语相加。她常问爸爸："你是要爷爷奶奶，还是要妈妈和我？"爸爸只是摇头叹息。在冷漠与孤独中长大的小夏，不相信任何人。随着年龄的增长，更觉社会"险恶"、人心"叵测"。为此她不愿与人接触，也不愿上学，整天做白日梦——梦想着现实中没有的人们对她的关怀和呵护。

小夏所受的精神压抑而造成的厌学是陈腐的传统观念造成的。

（4）少年自身成长中的问题。

在成长过程中，少年朋友的智力发展不平衡，个别少年有可能因智力的原因（如处于边缘智力水平），造成学习吃力，会造成他的学习成绩不佳，如果爸爸妈妈或学校老师不了解这种情况，一味地要求他必须达到比较高的水平，一旦达不到，就认为他不努力，甚至打骂、责罚，就会影响这些少年学习的积极性，久而久之就会出现厌学情况。还有少数同学具有神经功能缺陷的问题：如我们经常说的"多动症"（这在本丛书之一的《家庭心理卫生》一书中有阐述），得了这种疾病的同学由于不能抑制一些与学习无关的刺激，所以无法完成学习任务，造成学习成绩落后而厌学。虽然这是少数，也不能忘记由于这些原因而厌学的少年。

还有，少年期自我意识强烈，常常过度关注自我，因为自己身材、长相不理想，没有受到老师的器重，不受同学喜欢，在班级中没有地位，对自己才能、性格的某些方面不足的不满意等，为此缺乏自信而产生的自卑心理，也会影响少年学习的积极性和兴趣。

少年对人际关系极为敏感，有些少年处理不好与老师、同学、家长的关系，同样会造成厌学。

小玲聪明、漂亮，学习成绩优秀。小学、初中均在亲人所在的学校就读，十分受宠。升入一所著名的市重点高中后，一位老师对她提出一般学生的要求——及时完成作业，她却认为是对自己人格的不尊重而耿耿于怀。从此她对该老师看着不顺眼进而对所有的老师、同学都看着不顺眼，最后竟然放弃学业而辍学了。

小文小学时成绩拔尖，又担任班干部，经常得到老师的褒奖和同学的羡慕。进入人才济济的市重点中学后，没当班干部，虽然学习成绩不错，但总觉得班上没有她这个人似的，倍感冷落。一次，班主任在不明真相的情况下，错误地批评了她，她感觉十分委屈又不敢与老师沟通。之后她数月低烧，不去上学。

佳英在听觉方面有生理缺陷，只剩下微弱的听力，耳朵里安上了助听器，能勉强听见老师的讲解，就读于普通学校。因为听力障碍，个别男生总拿她的生理缺陷找乐儿。佳英向父母倾诉自己的委屈，却得到"就你事多"的指责。她不愿去学校，无心学习，整天沉溺在卡通画中幻想。面对现实，她觉得命运对她太不公，甚至想到了轻生。

案例中的小玲、小文由于没有处理好与老师之间的关系而厌学。学生爱不爱学，与他们喜不喜欢这个老师有很大的关系，年龄越小越是这样。佳英则是因为自己有生理方面的缺陷而遭到同学的取笑，又缺少耐挫折能力，导致她在挫折面前，失去学习的积极性和兴趣。

正处于青春期的少年性意识开始萌动，一些少年经受不住有关性的刺激和诱惑而早恋或者暗恋，有这样经历的少年，会由此引起激动、嫉妒、不安、痛苦等情绪的波动而牵扯精力，进而影响学习。

初三女生小湘，喜欢上了高她两级的一位英俊男生。她崇拜他，那英俊男生曾多次向她表示，她是他唯一的女友，她感觉非常幸福。她拿出几百元为自己的男朋友解决困难。当她听说男友在班上有好几个女朋友，又得到证实的时候，她感觉自己受骗了，便想找几个人去打自己的男友以泄私怨。被托付的男生提出的要求是，小湘必须做他的女朋友。妈妈知道后非常着急，提醒她打人是犯法的，警告她不要"出了狼窝，又进虎口"。正在她犹豫不决时，她的原男友倒打了她一顿。发生在中考前的这段感情经历，使小湘万分痛苦，她一点学习的心思都没有了，中考的结果就可想而知了。

目前绝大多数少年均是独生子女，在亲人的宠爱中长大，有的同学意志品质较差，面对明星崇拜、娱乐、网络游戏等多方面的现代诱惑，缺乏抗拒能力，常常沉溺其中不能自拔而荒废学业。不少少年耐挫折能力差，面对生活、学习、人际交往中的挫折，心理准备不足，遇到挫折，便一蹶不振，甚至无心学习。

更多的同学或者缺乏学习动机、学习兴趣，或是没有及早地养成良好的学习习惯，缺乏有效的学习方法，没有打好学习基础，前边的知识"欠账"太

多，后面的学习困难重重，又缺乏良好的意志品质去克服困难，跟不上学习进程。长时间处于学习失败的体验之中，就会失去学习的信心，厌恶学习。

由于以上数种或多种错综复杂的原因的存在，学生学习成绩长期处于劣势，就会产生厌学——失去学习动机和兴趣，处于不想学、不爱学、不得不学的状态，甚至逃学、辍学。并伴随焦虑或者抑郁、恐怖情绪，甚至得了神经症——焦虑症或者抑郁症、学校恐惧症。

对于在学习中出现的厌学心理，首先应该分析其原因，要针对不同原因进行治疗和调节。如有精神疾病要用药物治疗；对脑功能有问题的要进行必要的专门训练；对抑郁、焦虑等症状要在用药的基础上进行心理治疗；学校方面的问题寄希望教育改革，教师教育观念、教育方法的改进。对家庭和教养方式问题，则应该进行必要的咨询和矫正，对孩子成长中的问题可求助于心理医生。

那么，除了通过心理医生的帮助以外，家长应该怎样防止孩子厌学情绪的产生呢？有这样几点是需要我们注意的。

（1）教育子女认识人生遭遇困难、挫折不可避免，提高自己承受挫折的能力，增强克服困难的意志品质，面对学习中的困难锲而不舍，相信一分耕耘，一分收获，只要努力一定有收获。

（2）培养子女快乐的学习情绪，使子女乐学、善学，学有所成。为什么有些同学家庭生活条件很好，不愁吃穿，又有良好的学习环境，可就是一到上课就头痛，一写作业就心烦，把学习、上学看成是烦恼事，体验不到任何的乐趣，而有些同学则能体验到其乐无穷呢？究其根源在于快乐与否是由个人的需要、观念、态度以及情感体验决定的。因为人们对待事物的态度不同，便会使自己处于不同的心理状态下。一种是积极的、良好的心理状态，它表现为愉快、自信、智力活跃、精力充沛、积极进取、不怕困难；另一种是消极的、忧郁的心理状态，它表现为迷惑、烦恼、压抑、恐惧、不思进取、逃避甚至退缩等。由此看来，积极、良好的心理状态是乐学的根本。美国前总统林肯说："只要心里想快乐，绝大部分人都能如愿以偿。"问题在于我们注重哪一方

面，我们的思想集中在哪一方面。假若我们的思想都集中在学习上，就会体验到乐在其中的感觉。每个人都可以通过自我训练、自我调节与控制使自己经常处于积极的、良好的学习状态下，从而摆脱厌学的苦恼，达到乐学、善学、学有所成。

（3）家长帮助子女树立学习的自觉性，变"要我学"为"我要学"，培养子女的学习兴趣、特长。心理学研究告诉我们，少年在某些方面有兴趣、特长，会经常受到来自学校和父母的表扬和鼓励，他们的兴趣劲头也会潜移默化地迁移到学习方面来，从而相得益彰。调查表明，很多厌学的学生，他们一是没有特长，二是成绩差，而有的只是一些不良习惯，如经常上游戏厅玩游戏等等，久而久之，当然会产生厌学的心态。

（4）家长帮助子女改进学习策略、学习方法，建立良好的学习习惯，提高学习效率。有些青少年朋友长期学习效率不高，学习成绩不好，并非学习不刻苦，努力不够，而是缺少有效的学习策略、学习方法，没有建立良好的学习习惯。因此家长见到子女学习成绩不满意，不要不分青红皂白地一味批评子女不够努力，要具体问题具体分析，如果是学习策略、学习方法或学习习惯的问题，家长要帮助子女加以解决。这方面的问题在本丛书之二《家庭心理健康教育》一书中已有阐述，在此不再重复。

（5）家长帮助子女减轻心理压力和学业负担。子女在学校的学业负担已经很重了，作为家长督促子女主要认真完成老师布置的作业就可以了。可是许多父母往往会一厢情愿地给子女施加压力，增加课外作业，甚至恐吓子女：考不上大学你就没前途，就别来见我等等。当子女的能力达不到要求或心理承受不了时，就会产生厌学的心理，或者干脆离家出走，有的则会产生自杀的念头。因此，家长要学会调适子女的心理，让子女在生活和学习方面保持平常的、乐观的心态，才能高效率地学习。

（6）要挖掘子女学习的潜能，珍惜子女学习的点滴进步，不断地鼓励表扬，增强他们的自信心。有时候孩子产生厌学情绪是因为对自己要求太高。表现为给自己制定过高的学习目标，而在一定时期内无法达到目标就对学习失去

了信心，时间一长就会觉得自己的学习没有希望了，从而讨厌学习。因此，我们家长要善于发现自己孩子学习的点滴进步，不断鼓励，使孩子有成功感、自信心，才能给子女带来最大的学习动力。

（7）鼓励子女和同学、老师建立良好的人际关系。人际关系差，也是导致青少年朋友厌学的一个原因。人总是生活在与人交往的环境中，交往不顺利产生问题，情绪不佳，也使孩子学习情绪低落。家长要教育子女与人为善、通情达理、设身处地为他人着想，主动关心帮助他人。日久天长，就会有良好的人际关系。在良好、宽松的人际关系氛围中，孩子的心态轻松、愉快，就会有高效率的学习成果，自然也就矫正了厌学的情绪。

6. 网络成瘾

现代信息技术的发展，使网络越来越成为人们工作生活中不可缺少的组成部分。互联网以其交往范围的无限制性、交互性强、匿名性等特点，对青少年具有不可抗拒的影响力。青春期的子女心理尚不成熟，求知欲旺盛，追求时尚，自控能力差，在面对纷繁复杂的网络世界时，他们很容易深陷其中，成为网络成瘾的受害者。那么什么是网络成瘾呢？

网络成瘾也称病理性网络使用，它与毒品成瘾、病理性赌博等具有类似特点，主要表现为对网络有心理依赖感，从上网行为中获得愉快和满足，以上网来逃避现实生活。网络成瘾导致成瘾青少年迷失学习和生活目标，虚度光阴，严重影响了他们的身心健康和成长。

青少年上网主要集中在网上聊天、网络游戏，甚至网上攻击、网上暴力、网上色情等方面。

让我们从现实中信手拈来的几个实例，看青少年对网络迷恋的程度。

案例1

某重点中学的一个男生王某，品学兼优，善良活泼，还是班干部，最近却突然变得沉默寡言，与同学一句话不对就举拳相向，对家长和邻居也动不动喊打，父母还从其书包里找到一把匕首，最后竟对谁都不说话。王某到底怎么

了？后来，在心理医生的启发下才使家长弄明白，原来他背着父母已经偷偷地玩了差不多一年的暴力游戏，头脑已被暴力、色情搞得混乱不堪，产生心理紊乱和障碍，已经分不清现实和游戏了，不得不退学接受心理治疗。

案例2

郊区某校的一个女生周某，刚读初中，由于家离学校很远，竟在电子游戏室通宵玩游戏。父母责骂她，她却瞧不起父母，说他们不懂生活，老土！一次其母跟她去体验"生活"，结果被网络上的暴力游戏吓得毛骨悚然，可周某却玩得面不改色心不跳，看上去很享受。这以后，这位母亲毅然把女儿转到自己家门口的一所普通学校，严加看管。更多的老师们则认为：如果这种腐蚀孩子心灵的网络游戏不能引起社会各界的重视，有关部门若不加大执法力度，将会毁了下一代。

案例3

14岁孩子明明（化名），由于长期迷恋网络游戏，学习成绩直线下降，而且经常和社会上不三不四的人称兄道弟。一天，愤怒的父亲把网线扯断了。明明就像疯了一样，将电脑屏幕砸了个粉碎。事后明明还以"离家出走"、"断绝父子关系"来威胁父母不得"干涉"他的爱好。为此，父亲已经病倒在床上，母亲声泪俱下地在电话中说："救救我们的孩子吧，孩子要毁了！我们这个家快完了！"

曾经有一件案子引起社会轰动。天津市塘沽一初中生由于痴迷网络，连续在网吧上网两天两夜后跳楼自杀。一个初中生为何以极端的方式结束自己的生命？他写的一封绝笔信似乎让我们找到了答案：网络成瘾。从他写的遗书中，我们看到这个14岁的少年沉迷网络游戏后混乱的内心世界。在四份遗书中，竟找不到一句跟父母道别的话，而是充满了游戏用语。14岁的他，已经进入了一个空虚而缥缈的世界。

青少年沉迷网络，以致成瘾的主要原因是什么呢？

（1）青少年的好奇心强、自控能力差，是沉迷网络的主要原因。

由于青少年扮演着一种特殊的社会角色，在生活中有一些需要、愿望以至

自尊心得不到满足，就转到虚拟的网络中去寻求满足。但他们放弃在现实生活中的努力，仅从虚幻的网络中求得满足与自尊，对于青少年形成正确的世界观、人生观、价值观极其有害。现在有叛逆心理和患孤独症、自闭症等心理疾病的孩子越来越多，加之现行的教育体制中的部分因素使得青少年不能正确认识和使用互联网。学校中的互联网课的内容几乎全部集中在与课本内容有关的方面，基本不触及互联网的娱乐功能，青少年在学校以外缺乏约束和指导的环境中进行互联网娱乐的时候，就很容易发生行为扭曲。特别是网络游戏，有人称之为"电子海洛因"，一旦迷恋，肯定成瘾，轻者葬送自己的大好前程，重者危害他人和社会！

（2）社会和家庭给予未成年人的替代选择太少，除了电视，现在几乎没有其他方便有效的娱乐方式能与互联网竞争。

互联网因其在场地、费用、内容、效果上有不可比拟的优势，因此成为大多数人群娱乐消费的重要选择。网络中暴力和色情游戏给他们提供了一个亲自"体验"的机会，网络游戏仿佛能给孩子现实世界不可能的一切：杀人、放火、抢劫、攻击、破坏——肆无忌惮，随心所欲——在心理内驱力作用下，通过重复N次演练后，就会渴望身体力行，"真枪实弹"地干一番。从喜欢上网逐步发展到依赖、痴迷成瘾，发展成网络成瘾，诱发暴力犯罪和性犯罪。

（3）不健康的、压力过大的成长环境，得不到别人承认的失落感，人际关系不好，这些因素都会导致青少年通过上网逃避现实，寻求精神寄托。"网瘾"问题的背后很大程度上反映了教育，特别是家庭教育的失败。

"网络成瘾"的危害为：

（1）孤独感增加。

由于网络隔绝了人与人之间的直接交流，人的孤独感逐渐强烈，于是，"网虫"更渴望网中人的关注，如果有人送来信息，或发来信件，"网虫"都会十分惊喜和感激，这种孤独感驱使"网虫"每天检查好几次信箱。如果没有信件，那种失落的打击无异于小孩子哭着嚷着却没人理会的感受。从而使他们远离正常的社会生活。

（2）自我迷失感加剧。

在虚拟的网络世界，他们无法确定自己的真实角色，他们的表现可以和现实生活中截然不同：一个现实生活中内向、不善言辞的人，可能在网络上非常幽默风趣；一个胆小怕事的人在网上也许是一个叱咤风云的侠客；有些互相认识的人平时见面并不怎么打招呼，而到了网上很可能大开玩笑。网络充分展现了人们性格中的另一面。如果在网上生活过久，会逐渐迷失自己在现实生活中的真实角色。

（3）自我约束力降低。

由于网络中彼此不见面，平常不敢说的话可以说了，不能做的事也可在网上实现。因此，压抑在人们心理深层的需要和欲望，在网络中可以充分地暴露和宣泄。但这种无限制地宣泄带来的后果却是自我约束力的下降，假如沉迷于其中，可能将网络中的暴力和色情行为意向迁移到现实生活中，据报道，有些涉世不深的孩子，犯了抢劫、绑架、性侵犯等罪，自己向警方交代，他们的行为是模仿网络上的。

面对网络成瘾的子女，家长该怎么办？

对待"网络成瘾"的子女，家长不能消极抵抗，也不能视之为"世界末日"，家长要循循善诱，坚持预防为主、防治结合的原则，整合多方面教育资源，形成学校—家庭—社会三位一体的合力，尽早干预，及时矫正、调适，把它扼杀在萌芽状态。不要让子女的一般心理问题变成心理障碍或心理疾病。可根据具体情况，分层区别进行思想教育和心理咨询。

（1）一般性网络迷恋。调适方法主要是加强网络管理和网络指导，让孩子明确上网的目的是为了学习新知识。提高防范意识，对其上网的内容加以筛选，培养其良好的上网习惯。

（2）网络性行为障碍。矫正方法应根据不同的行为障碍采取针对性调适。针对焦虑、躁狂、恐惧、自闭、抑郁等行为障碍，应采取科学的心理调适方法：如转移法、宣泄法（参加丰富多彩的文娱体育活动）、刺激法（坐过山车、蹦极等）、认知—行为疗法等。综合训练，逐步调适，减轻症状。

（3）网络性心理疾病。学校和家长尽可能采用上述方法进行矫正，并寻求专业心理咨询，如果采用的心理辅导矫正措施失效，并出现行为异常和心理紊乱，显示强迫、妄想等症状，此时应及早联系相关精神卫生机构或专科医院，施以专业心理治疗。

预防网络成瘾适度的健康益智网络游戏对青少年的身心健康发展是有利的，就像扁桃体，如果一味地强制切除，心理疾病将失去一道预警线，可能痛失帮助孩子疏导心理的最佳时机。从这个意义讲，让青少年戒除网瘾，"疏"比"堵"更重要。

家长可以采用以下方式：

（1）控制孩子上网时间。家长要求子女要自我约束上网时间，特别在夜间上网时间不宜过长。

（2）让孩子注意操作姿势。荧光屏应在与双眼水平或稍下位置，与眼睛的距离应在60厘米左右。敲击键盘的前臂呈90度。光线柔和不可太暗。手指敲击键盘的频率不宜过快。

（3）平时要丰富业余生活，比如外出旅游、和朋友聊天、散步、参加一些体育锻炼等。还要培养孩子多种兴趣爱好，多参加体育和文化娱乐活动，充实和丰富业余生活，使孩子除上网以外，有课余生活的内容，从而减少接触虚拟网络世界的机会，摆脱对网络的过度依赖。

（4）家长注意加强孩子自身修养，帮助子女树立正确的世界观和人生观，进行理想志向教育，帮助子女确立人生奋斗目标，增强社会责任感。有了理想志向，有了远大的奋斗方向，孩子就会为自己的前途和社会进步努力学习科学知识，为锻炼自己的才干而积极投身集体活动。有了理想志向，有了远大的奋斗目标，孩子就会对网络的诱惑性保持清醒的头脑，从而避免漫无目的地使用网络，更不会沉迷于网络聊天或网络游戏而无法自拔。

（5）出现"网络成瘾"的早期症状，应及时处理。一旦孩子出现网络成瘾的症状，家长不要慌张，要尽早到医院诊治，必要时可安排心理治疗。

总之，家长要重视和改进家庭教育方式。预防和矫正网络成瘾，家长和家

庭教育至关重要。家长要充分认识互联网的"双刃剑"特性，既不能放任孩子上网，也不能因担心网络危害而一味制止孩子上网。因为这样做，只会激起孩子的好奇心和逆反心理，使他们想尽各种办法接触网络。家长要充分了解青少年的成长特点，从心理上真正关心孩子，通过正确引导和合理监督，有效控制孩子的上网时间，提高孩子把握和使用互联网信息的能力。

三、青少年子女常见的心理障碍与防治

1. 神经衰弱

神经衰弱是以慢性疲劳、情绪不稳、神经功能紊乱，易于兴奋和易于疲劳或衰竭是其特点，并伴有许多躯体症状和睡眠障碍。病前存在着持久的情绪紧张或心理压力。1982年我国12个地区精神疾病流行学调查数据显示，本病患病率在15～59岁人口中为12.5‰。在各类神经症中占56.7%，发病年龄在16～35岁者中占92%。各地调查均未见明显的性别差异，并一致认为脑力劳动者占大多数。对以脑力劳动为主导活动，正在求知学习的大多数子女来说，这是一种不容忽视的心理障碍。

案例：

小姜数月来情绪不稳定、易激惹，稍不如意便大发雷霆，有时又伤感流泪。自述头晕头痛、四肢无力、记忆力减退，特别是近期的数字和人名尤易遗忘。

致病原因：

(1) 大脑皮层的神经细胞具有较高的耐受性。在紧张工作产生疲劳之后，经过适当休息即可恢复。以往多强调工作劳累为神经衰弱的主要致病原因。研究资料说明：持久的精神紧张、精神压力，如伴有不良情绪，则常是神经衰弱的致病原因。例如：工作杂乱无序且有完成计划规定的繁重任务时所产生的慌乱和紧迫感，长时间的学习，不注意休息和睡眠，同时伴有思想负担和对工作、学习不满，但非完成不可所产生的抵触情绪等，往往较易导致神经衰弱的

发病。

(2) 另一些常见的原因是：亲人亡故、家庭不和、与老师和同学关系紧张及生活中各种挫折等精神紧张刺激。这种种精神紧张刺激所引起的忧虑、愤怒、怨恨、委屈和悲哀等负性情绪体验，导致大脑皮层神经活动失调而发生神经衰弱。

(3) 与此同时，如患有感染、中毒、颅脑外伤、长期失眠或其他削弱机体功能的各种因素，均能助长神经衰弱的发生。

(4) 该类患者性格较多不开朗、心胸狭窄、敏感多疑、胆怯、多愁善感、患得患失、依赖性强。行为表现为主观急躁、自信心不足、办事犹豫不决、自制力差。但神经衰弱也可发生在一般性格的人身上。

神经衰弱通常不是由单一因素造成，而是不良情绪体验、不健康的性格特点和削弱机体功能条件的共同作用的结果。

本病的发病机理主要在于，前述各种精神紧张刺激引起高级神经活动兴奋或抑制过程的过度紧张或两过程之间的冲突，导致内抑制过程弱化和兴奋过程相对亢进。由内部抑制过程的弱化进而使神经细胞的恢复能力降低而出现衰竭。大脑皮层功能弱化，削弱对皮层下植物神经中枢的调节，而出现植物神经功能的紊乱。而负性的情绪则推进了以上的恶性循环。

临床表现：

绝大多数为缓慢起病。症状复杂多样，心理症状和躯体症状常并行出现且症状因人而异。

其心理症状为：

(1) 容易兴奋和激惹：自我控制能力减弱，性格变得急躁和容易激动，情绪不稳。病人常因一些微不足道的事发怒或伤感、流泪，明知不对，但无法克制。有时变得似乎很自私，只想自己，稍不如意就大为不满，大发雷霆。因此常和周围人闹矛盾，不能和睦相处。

(2) 容易疲劳和衰竭。伴随兴奋和激惹而来的是疲惫不堪，用脑稍久就头痛，头昏眼花以致不能坚持。主动注意能力削弱，时间越长就越差，因而影响

近事记忆，对记数字和姓名尤为困难。当病情严重时，患者全身乏力。

由于疾病症状繁多，又加久治不愈，患者常出现焦虑、恐惧和烦恼等负性情绪。多数患者有疑病倾向，对疾病过多思虑和担忧，其程度与实际病情严重程度相去甚远。

(3) 躯体症状：由于神经系统的兴奋性增高， 感受器与内感受器的感受性增强，患者常有头昏、头痛或头紧箍感。触觉、痛觉和温觉也异常敏感，刺激稍强就忍受不了。病程较长可出现植物神经功能紊乱。表现有：心动过速、期外收缩、血压偏高或偏低；多汗、肢端发冷、腹胀、腹泻、便秘、尿频、遗精，或月经失调等。

心理测验与诊断：

(1) MMPI测验结果提示神经衰弱患者1-4临床量表分增高。

(2) SCL-90（症状自评量表）检查结果显示躯体化、强迫、抑郁、 睡眠障碍评定分高。

(3) CCMD-2（中国精神疾病分类与诊断标准)临床可根据以下几点判断：

A．兴奋状态：注意力下降、脑力活动不能集中，记忆力障碍，常健忘一般事情，而对烦恼的事不易忘却。

B．情绪症状：易激惹，容易为小事而情绪激动， 伴有心情烦恼产生的其他躯体反应如心慌、食欲不振等。

C．衰弱状态：表现为全身无力，疲劳感与劳动强度不成比例。

D．紧张性头痛：如头晕、头胀及头痛等。

E．睡眠障碍：大多数是失眠，少数表现为嗜睡多梦，睡后仍困乏。

凡患者具备上述五项中的三项或三项以上的症状，症状持续三个月以上，整体又无器质性病变，可诊断为神经衰弱。

治疗与心理治疗：

神经衰弱的治疗原则是以心理治疗为主，配合必要的药物或物理治疗，同时合理安排作息制度，以及从事一定的体力劳动和体育锻炼。

20世纪50年代以来，我国提出的"综合快速疗法"对治疗神经衰弱有明显

的治疗效果。主要是采用各种形式的心理治疗方法，同时以药物和理疗作为辅助手段。一方面重新调整患者由于某种心理紧张因素作用造成的大脑机能失调的状况；另一方面帮助患者消除致病原因和可能使疾病恶化的各种因素，树立治愈疾病的信心，解除对疾病的疑虑，并且破除由此而产生的"恶性循环"。

常用的心理疗法：

（1）认知疗法：对患者开诚布公地讲解神经衰弱的有关知识，如疾病的发生、发展规律及科学的防病、治病措施。促使患者联系实际，自我分析，消除对该病的疑虑和不科学的认知。若邀请治愈的患者进行现身说法，介绍经验，互相交流、启发，则效果更佳。

（2）心理疏导法：通过对患者的接触、检查和谈话，了解其心理障碍的一些症状。应用医学心理学的知识，以诚心、爱心启发、说明、解释、劝慰、鼓励。帮助患者发挥个人的主观能动性，积极主动地消除不良的心理、社会因素及由此带来的痛苦和烦恼，提高适应社会环境的能力以达到治疗的目的。

（3）家庭心理治疗：是一种患者在场、不在场的情景中，与患者家属进行会谈的方式，以协调家庭成员之间的关系，建立良好的家庭气氛，帮助患者科学安排生活、学习、工作，减轻症状，提高社会适应能力。

（4）暗示疗法：神经衰弱患者有疑病倾向，暗示疗法对该病疗效良好。该疗法是利用医生的特殊地位，用简练、果断的语言或某种药物，支配患者的意志，使患者被动地接受治疗。如给患者一种安慰剂，这种药物实际对本症药理作用不大，或完全没有作用，但医生告诉其这种药物的作用、特点，可达到治疗目的。

（5）应用生物反馈技术的放松疗法：即应用电子仪器把患者的体温、脉搏、呼吸、血压、脑电波等生理变化转换成各种能为患者自己感到的量化信号。如：音调光点、数字等。此方法对神经衰弱的焦虑、紧张、敏感和情绪不稳以及头痛、失眠、心惊等疗效显著。

（6）音乐疗法：该法指具有特殊旋律的音乐，能够减轻和缓解焦虑不安、失眠等症状。该法对神经衰弱的预防和治疗有良好的作用。

（7）森田疗法：该法治疗神经衰弱的重点在于陶冶患者性情。使患者接受现实，不再与不适的症状对抗，采取顺其自然的态度，使自己过正常人的生活。

药物的辅导治疗：

（1）可选用抗焦虑药，如：舒乐安定2mg，一日三次。

（2）镇静药物宜用溴化咖啡因含剂、五味子糖浆或中成药养血安神片等。

心理护理：

（1）创造静逸的环境，调节患者不良心境。

（2）患者对人际关系较为敏感，周围人应注意与之建立良好的人际关系，以取得患者的信任与合作。

（3）注意心理卫生的教育，宣传神经衰弱的致病原因、病理及防治的科学知识，培养患者乐观豁达的情绪，坚定治愈的信心。

（4）争取与患者有关的家属、同事的社会力量的配合，消除外来不良因素的干扰，以利患者的治疗和康复。

预防：

（1）注重心理卫生，劳逸结合，科学有节律地安排生活，克服不健康的性格特点，加强体育锻炼。

（2）指导人们正确地对待人生旅程中的工作、学习、婚恋、事业、家庭中的困难和挫折，建立并维持健康、愉快的正性情绪体验。

2. 焦虑症

焦虑症（anxiety atate）是以突如其来的和反复出现的莫名恐惧和焦虑不安为特点的一种神经症。本病有两种表现形式：一种表现为反复出现惊恐发作；另一种为慢性持续性的焦虑状态。一般伴有植物性神经功能障碍，如心动过速，血压不稳，多汗，肢端发冷，月经失调等。

焦虑症在国外非常多见，据说人口中的5%患有急性或慢性焦虑症，约占精神科门诊病人中的6%～27%，我国也比较常见。据统计，该病占综合医院心理门诊病人的12.2%，发病年龄多在18～40岁。男女比例为2：3。

案 例

考试焦虑症

柳××，男

由于历史的原因，父亲个人的理想志向成了泡影，便将全部期望寄托于百般溺爱、娇生惯养长大的独子小柳身上。他在父亲的灌输下形成的强烈的"出人头地"的意识，与其一般的智能、责任心和意志力不强形成了巨大的反差。

高考前，教室黑板上每天的倒计时和同学们的考试成绩一览表，再加上父亲企盼的目光给小柳造成了巨大的心理压力。他食欲下降、恶心、心慌、心悸、惶惶不可终日。

在高考考场上，小柳心中充满恐惧，大脑一片空白。他压抑着紧张情绪，可越压抑，就越紧张。结果他落榜了。面对这巨大的打击，他长时间不能从痛苦、无助的情绪中解脱出来。

为了"出人头地"的梦想，他又一次走进一所著名的重点中学复读。作为一名借读生，他忍受着白眼和不公平的待遇。小柳变得少言寡语、闷闷不乐。然而，自此给他留下的后遗症——每逢考试前，他便出现食欲下降、失眠、健忘、坐立不安、手脚冰凉等症状，无法正常学习、考试。

对于第二次高考，他很恐惧，甚至想放弃。最后他勉强考取了一所自费高校。

在以后几年的学习和生活中，每当要面临考试，焦虑、恐惧不安的情绪便会出现。

【致病原因】

当人们预期某种危险或痛苦将发生时，普遍会产生焦虑情绪，这属正常的情绪反应。如人们不能从实际经验中取得信心，或屡遭失败和蒙受耻辱时，即会增加对不愉快的情景的敏感性。

（1）遗传因素：焦虑症患者的近亲中，本病的发病率较一般人高3倍。有

人对孪生子的研究提示单卵孪生子的焦虑症的焦虑素质的一致性均较双卵孪生子为高。

(2) 生理、生化因素：交感和副交感神经系统的活动普遍增加。一般的说，前者活动增加时，血内肾上腺素浓度上升，血压升高和心跳加快，皮肤苍白和出汗，并口干，呼吸也加深加快和肌张力降低或颤抖。而后者活动增加时，出现尿频和尿急，肠蠕动加快和腹泻等。如这种情绪持续较长时间，肌张力增加，并伴有紧张不安和反复出现激越动作。

有人认为体内儿茶酚胺的增加引起乳酸盐的增加是产生焦虑的直接原因。有人报道血内皮质醇含量升高也可诱发本病。

(3) 心理因素：

A．有人指出焦虑症主要是由于过度的内心冲突对自我威胁的结果。主观感觉紧张或不愉快预感。

B．有人强调童年期的心理体验被压抑，一旦遇到应激便成为焦虑。

C．焦虑素质在焦虑症的发生中起相当重要作用。焦虑素质即易焦虑、易激惹、有不安全感、自信心不足。常苛求自己，依赖性强，而且过分关心身体健康。这类患者大都胆小怕事、谨小慎微、情绪不稳，对轻微的挫折或身上不适就容易焦虑和紧张。

(4) 社会因素：

A．亲人死亡，事业失败或流行性疾病等是直接因素。

B．家庭社会环境较好，经济条件宽裕，患者从小任性，被过分迁就溺爱。

临床表现：

临床上，焦虑症可分为急性形式，或称惊恐发作；慢性形式，或称广泛性焦虑症。

(1) 躯体症状：

急性焦虑症：多在精神创伤后突然发病。出现大祸临头感或死亡来临感，驱使他们尖叫，逃离或躲藏起来，但说不出究竟怕什么。发作时间长短不等，

一般反复发作，少数可自行缓解。

广泛性焦虑症：一般躯体症状和心理症状同在，并和长期紧张、家庭不和与工作压力过重有直接关系。常有恐惧性预感，终日紧张、心烦意乱、坐卧不宁，预感到自己和他人的不幸。

(2) 心理特征：

急性焦虑症患者经常感到有一种说不出的内心紧张、焦虑，感到恐惧和难以忍受的不适感。似乎预感到某种不幸。感到"心脏要跳出来"，胸痛或不适，有"喉头堵塞"或"透不过气"马上就要死亡、窒息之感。慢性焦虑症患者常有恐惧性预感，终日紧张心烦意乱，坐卧不宁，预感自己和他人的不幸。对自己的健康忧虑重重，对躯体的微小不适都过分敏感。因而产生疑病观念，注意力难以集中以致工作困难。对以上的症状，患者有充分自知力，迫切要求治疗。

(1) MMPI测验结果提示抑郁、疑病、偏执量表分增高。

(2) SCL-90显示，焦虑、忧郁、强迫症状分增高。

(3) 焦虑自评量表(SAS)显示总分增高。

(4) 临床诊断依据CCMD-2(中国精神疾病分类与诊断标准)。

治疗与心理治疗：

(1) 支持疗法：即对患者给予指导、保证、劝解、疏导和调整环境等，控制和恢复对环境的适应平衡。

(2) 行为疗法：系统脱敏或称交互抑制治疗焦虑症效果较好。另外有规律的松弛训练，如绘画、种花、听音乐、认知疗法相结合也有较好的疗效。

(3) 催眠疗法：通过该疗法了解分析产生焦虑的原因，并且改善患者焦虑、恐惧的情绪及躯体症状。

暗示语如下："你的疾病的主要症状是焦虑情绪，催眠治疗有特效，现在你体验到紧张已消失，焦虑已不存在了，你自由自在地享受着催眠给你带来的轻松感，你不再紧张焦虑了。现在你体验一下吧！"让患者体验一下后再询问："现在你已体验到很轻松、无紧张焦虑了，是吗？请回答我！"此时患者

会点头示意或低声回答有这种体验，说明暗示已起作用。乘此机会再暗示："是的，你已轻松了，紧张焦虑正消失，对今天的治疗会感到十分满意，醒后你仍然保持良好的愉快的情绪。随着情绪的好转，你多梦易醒的失眠症也会消除，从今以后你每晚都能迅速入睡，半夜不会醒来，也无梦境干扰。你能享受催眠的快感，第二天醒来后能感到体力和精力都得到恢复，今后不必担心失眠和焦虑了。""通过今天的治疗已证实你的疾病能迅速恢复，现在已经恢复了。""疾病恢复的原因是你能认识到产生焦虑的根源，焦虑是不必要的。"

经数次催眠后，患者焦虑情绪减轻以至消失，失眠症状好转。以后的催眠在此基础上针对其他症状治疗。暗示语："你的焦虑已经消失，睡眠也改善，经过这次催眠情绪会更加愉快，睡眠更香更甜，记忆也随之恢复，头痛也治愈了。从今天起你能像以往一样正常地生活。"疾病痊愈后应继续巩固催眠1~2次，以提高其认知能力和应激能力，预防复发。

心理护理：

(1) 与患者建立良好的人际关系，给患者以心理、生活上的关怀和帮助，满足其正当的心理需求，维护其静逸的心境。

(2) 帮助患者形成对该病的正确认知，指出本病预后良好，消除对该病的神秘感和恐惧感，帮助患者树立战胜疾病的信心，主动配合心理治疗。

预防：

(1) 帮助患者自觉进行性格的自我塑造，改变性格结构中不良成分，注意情绪的自我调控。

(2) 对患者进行人际交往技能的应对性训练，提高适应社会的能力，减轻社会应激压力，以降低焦虑、恐惧等负性情绪。

3. 强迫症的防治

强迫症(absessive-compulsive neurosis)是一种主要以强迫观念和强迫动作为主要症状的心理障碍。强迫症状是指一种明知不必要，但又无法摆脱，重复呈现的观念、情绪和行为。我国对12个地区的调查数据显示，该病患病率为0.30‰，据估计实际发病率远比此数为高。其原因为，这类患者大多虽在社会

生活、情感生活中受到限制，自身痛苦，但一般不影响工作，与他人的关系常隐而不宣，除亲人外，他人不知。本病发病以青少年居多。男女性别无明显差异。

案例1

小伍是一名胆小怕事、办事谨慎、力求十全十美的人。做完事总不放心。如反复检查门是否已锁好；写完信装入信封，还要拆开看看会不会装错。他骑车时有向汽车撞去的念头；走路时，有将手表、钥匙扔出去的念头；站在高楼阳台上，有从楼上向下跳的冲动。

案例2

小王性格畏首畏尾、谨小慎微、办事情总希望尽善尽美。复习功课时台灯放得高了，认为照明度不够；放低些，又怕光太强，伤害了自己的视力，他便反复将台灯抬高些，放低些……明知没必要，也得调放半个多小时。夏天衬衫放在西裤内，皮带系紧了，他感觉影响了自己的呼吸；系松了又认为有碍个人的形象。他便将皮带不停地在第四、五个扣眼儿里反复试几十次。

【致病原因】

双亲和同胞中有强迫性格特点和患有强迫症的，发病均较对照人群为多。遗传因素在发病中有些影响。

强迫性人格是很多人发病的内在原因。有人统计约2/3的强迫症患者病前具有强迫个性特点。如：拘谨、犹豫、深思熟虑；富有思想，爱钻牛角尖，做事认真仔细，力求准确，缺乏灵活性。有很高的道德水准，过分严格要求自己，事事要求十全十美。喜爱整齐、清洁、有条理和有秩序，但总还有不完善、不安全、不确定的感觉。

强迫症常发生于增加任务，客观要求提高适应性和灵活性时，强迫症患者易产生强烈的焦虑、不安等情感体验，其影响大脑皮质兴奋或抑制过程过度紧张或相互冲突，从而形成了病理的惰性兴奋灶。也有人认为强迫症状来源于被压抑的攻击性冲动。

【临床表现】

症状多种多样，大体上分强迫观念、强迫意向和动作。

(1) 强迫观念：

A．强迫回忆：患者对做过的事，以至无关紧要的事，进行反复回忆，或将过去的经历，急欲回忆起来。虽明知无任何实际意义，但不可克制地非回忆不可。

B．强迫疑虑：患者对自己的行动是否正确无误，产生不必要的疑虑。如出门后怀疑屋门未锁好；信投寄后怀疑未贴邮票；医生开处方后怀疑剂量有错，诸如此类。但有一共同特点是，疑虑伴有焦虑，驱使他们不断反复去查核。

C．强迫性穷思竭虑：大多对自然现象或日常生活事件发生的原因进行无效的反复思考。患者明知这种思考毫无意义和毫无必要，甚至感到荒谬，但却难以控制。例如反复思考"为何一天以24小时计算"、"为何人长两条腿"等。

D．强迫性对立思想：摆脱不了和自己的认识相对立的思想的纠缠而感到苦恼。比如看到报纸上刊登或听到收音机里广播"和平"、"友好"，患者的脑子里立即出现"战争"、"敌对"等相反的概念。

(2) 强迫意向和动作：

A．强迫意向：患者常为一种与当时意愿相反的意向所纠缠，明知不合理和不必要，却无法摆脱。例如：一患者站在车站站台候车，出现火车到来时朝轨道上跳的念头；或一母亲抱着小孩站在阳台上，出现将小孩扔下楼去的想法。这种强迫性意向不伴有相应的行动，但伴随的焦虑和恐惧心理，驱使他们回避此场合或采取其他对策。

B．强迫洗涤：当患者的手或身体接触陌生人或陌生人用过的东西时，不能控制地去洗手、洗涤全身。

C．强迫计数：患者不可克制地计数某些东西，如每当见到电杆、台阶等，便不由自主地进行计数。不这样计数则心中不安。明知不必要，但无法

克服。

D．强迫性仪式动作：患者常重复一套刻板动作，较以上强迫动作为复杂。如有的患者进门一定要左足先跨，接着向前走两步向后退一步；或上床睡觉前，按规定的次序脱衣脱鞋，然后绕床转一圈。不这样做，会感到心中不安。

强迫症为慢性病程。每次发病历时数日至四五年不等。如有以下几点，则预后较好：①病程短；②起病时有明显的环境、紧张刺激；③有较好的生活环境；④有较强的社会适应能力和良好的人际关系；⑤强迫性性格特征不突出。

【心理测验与诊断】

(1) MMPI测验结果提示偏执、抑郁、病态人格分数增高。

(2) 艾森克个性测验多E、N分高。

(3) SCL-90量表测评结果强迫症状、焦虑、人际关系量表分明显增高。

(4) 依据CCMD-2明确诊断：

A．患者对重复出现的强迫观念、意向和动作知道不必要和不合理，有良好的自知力。

B．强迫症状来自自身内部，患者尽力克服，但无法摆脱。为此，患者感到焦虑和痛苦。

C．症状内容不荒诞离奇，除强迫性仪式动作较复杂外，其他症状大多单一。

D．大多数患者具有性格特点。

治疗与心理治疗：

【心理治疗】

(1) 心理疏导疗法：给予解释，消除患者对强迫症不正确的疑虑，树立战胜疾病的信心。

(2) 森田疗法：即要求患者对症状"顺其自然，为所当为"，对症状不要压抑，而是采取不怕不理和不对抗的态度，使症状逐渐从意识中淡化以至消

失。该疗法对强迫(观念)症的治疗有较好的疗效。

(3) 行为疗法：行为疗法中的系统脱敏法(又称交互抑制法)、思维阻断法、满灌疗法(又称冲击疗法)、宣泄疗法、模仿学习等方法对强迫症都有较好的疗效。

药物的辅助治疗：

国外报道用氯丙咪嗪和氯羟安定对减轻患者的焦虑紧张、控制强迫症状有较好的疗效。

【心理护理】

(1) 创造和谐的生活环境，帮助患者安排有规律的工作与生活。

(2) 组织患者参加集体性的文娱活动和一定量紧张的体力劳动。从有兴趣的活动中，转移其对症状的有意注意，使患者逐渐从强迫症状中解脱出来。

(3) 对于重症强迫症患者，由于对难以克制的强迫状态深感焦虑和痛苦，可能产生悲观甚至厌世情绪，对此应给予更多的理解和同情并做耐心细致的工作，以免发生意外。

(4) 对病情好转的患者，应鼓励其继续配合治疗，以巩固疗效，争取彻底治愈。

4. 恐怖症

恐怖症(phobic etate)是以对某一特定的物体、活动或处境产生持续的和不必要的恐惧，而不得不采取回避行为为特点的一种神经症。

该症与正常人对真实的威胁产生的恐惧是不同的。患者认识到这种恐惧是过分的和不必要的，但不可克制。

据国外报道，总患病率为6‰，多数发病于青少年。女性较男性为多。

案例1

对人恐怖

学生小伍性格内向、胆怯。他恐惧与人接触。课堂座位旁边有人，他便手脚冰凉，额头冒汗，大脑一片空白，听不进老师讲课的内容。与陌生人交

谈，不知该看人家的脸还是嘴，紧张得听不进对方说话的内容，与人说话时口吃。

案例2

青年教师周××，原来能正常地与他人交往。一次，他收到一崇拜他的女学生章×的一封情书。他对该女孩有好感，觉她虽不俏丽，却有温顺可人之处。他未回信，也不敢有任何个别交往，却为自己潜意识里对章×的好感而深感内疚，惶恐不安。认为自己身为教师，对异性学生有好感是不道德、可耻的。自此一遇章×便脸红心跳，不敢正视，后来逐渐对所有的女孩、所有的女人，乃至对所有的人均脸红心跳不止。他和人个别交谈时，想的是看人家眼，还是看人家嘴？别人看到自己脸红是否怀疑自己做了亏心事……产生见人恐惧、焦虑的心态。这种焦虑、恐惧心理更加重了见人脸红心跳的症状。如此精神交互作用，造成严重的心理痛苦。

周××的性格特征：沉默、文静、内向。谨小慎微、自律严谨、道德感极强。见人羞怯。

【致病原因】

（1）国外有调查，恐怖症患者的父母和同胞中患神经症的较多，故认为遗传因素可能与发病有关。

（2）心理因素是重要的致病原因。如：某人遇到飞机失事后，对飞机产生恐惧，也有人有过已遗忘的创伤性体验，而现时又遇到类似的事件，又唤起了恐惧反应。

（3）患者病前的个性为神经质、依赖型、缺乏自信、高度内向、胆小、怕事、羞怯。

（4）车祸、意外事故、性伤害等突发的社会事件；人际关系紧张、家人关系不和、工作学习压力大等社会因素也是致病因素。

【临床表现】

（1）处境恐怖：患者感到孤独无援或羞辱。如：人群聚集(聚会)恐怖，广场恐怖，幽闭恐怖，登高临渊恐怖，过桥、越马路恐怖，进校恐怖。

（2）社交恐怖：常见的赤面恐怖：患者在公众场合，担心自己面红而成为众人注目的中心而惊恐。注目恐怖：怕他人注视自己或自己注视异性而产生的恐怖。

（3）物体恐怖：动物恐怖：恐惧小动物；尖锋恐怖：恐惧尖锐物体；见血恐怖：恐惧流血；不洁恐怖：对不洁物恐惧；不祥恐怖：对棺材和坟墓等不祥物的恐惧。

几乎各种类型的恐怖症都有发展为慢性的可能，而症状反复出现，会严重限制患者的社会活动。一般说如果症状持续一年以上，自发缓解的可能性就小，而需要治疗了。

【心理测验与诊断】

（1）MMPI测验，有强迫性格特征。

（2）艾森克个性测验，恐怖症患者多N分较高。

（3）EMBU（父母教养方式问卷）证明恐怖症患者父母对其幼时的关心、温暖较少，而否认、拒绝、惩罚较多。

（4）依据CCMD-2诊断。

【治疗与心理治疗】

（1）支持疗法：给患者以指导、保证、劝解、疏导，利于加强患者克服恐惧的信心，疗效较好。

（2）系统脱敏法：鼓励患者接触所恐惧的事物或情景，反复练习，直到完全适应。目前此种方法治疗恐怖症最佳。

（3）自我催眠法：（自我暗示法）即患者面对恐惧处境时，通过自我暗示，使自己保持松弛、克服紧张、焦虑情绪。该法对治疗本症也有较好疗效。

（4）心理分析：对引起恐惧的精神因素进行分析与解释是彻底治愈恐怖症的重要方法。

【药物的辅助治疗】

小剂量的镇静药物，如舒乐安定，缓解心理恐惧引起的焦虑。

【心理护理】

(1) 指导鼓励患者正确对待疾病，提高战胜疾病的信心和勇气。

(2) 鼓励患者正视恐惧的物体或处境，主动地逐步锻炼以消除恐惧、适应环境。

(3) 培养患者多方面的兴趣爱好，鼓励患者大胆参与有益的社会活动，改变过度内向、依赖、胆小、怕事等不良性格特征，促使该疾患的彻底痊愈。

5. 神经症性抑郁

抑郁症或称神经症性抑郁(neurotic depression)是对痛苦经历的抑郁反应，其抑郁程度与经历不相符，但无精神病特征。

本病在国外较多见，占精神科门诊病例的5%～10%。起病年龄以成长早期较多，女性发病率较高。

案例1

朱×× 女 22岁

两年前，她感觉胃部不适、胃胀、泛酸，经多次病理检查未见异常，药物治疗效果不明显。因求治心切，拜师学练多种气功。练功后自觉气短、四肢乏力。又听信他人言语，吃斋敬佛，在家中供奉佛像，每日拜佛不止。一次不小心，佛像头掉了，为此她恐惧不已。

为治病看了许多宣扬封建迷信的书籍，相信人死了，灵魂会附体。她听说非正常死亡者如车祸死的会将灵魂附着在体弱者身上。因自己体质不佳，故终日恐慌不已。这些迷信内容每日每时充斥在她脑海里，不能摆脱。整日头昏脑涨、气短、四肢无力、不愿说话。怀疑自己已经患了重病，将不久于人世。情绪低落，常独自垂泪。整日生活在苦闷、抑郁不悦的情绪中。经SCL-90测量抑郁分值高。

该人性格胆怯懦弱、思虑多疑、心胸狭窄。受暗示性强、好盲从，对病痛、不悦过于敏感。

案例2

因父母离异，且二人又均出国，小兰随外祖母生活。她有时向外祖母撒娇，希望得到爱的补偿，而古板、传统的外祖母却不理会。在学校里，同学们又因其体胖乱起绰号瞎起哄，她与同学吵架，又被老师批评。小兰情绪十分低落，感到生活没意思，常以泪洗面，甚至曾用刀割腕，想到轻生。

【致病原因】

绝大多数患者得病是由一定的心理应激引起的，常见的有因离婚、亲人亡故或遭遗弃而与亲人分离。慢性伤残性疾病和工作中的挫折，也有因长期困境的烦恼，如夫妻不和、对工作条件不满或经济困难等。这些生活事件所以导致本症的发生，常涉及以下几个因素：

（1）生活中的挫折，引起心境的改变，如悲伤、失望、无助等强烈而持久负性情绪，破坏了感情生活的平衡。

（2）自尊心受伤害，动摇了对能力和品格的自信心，有较强烈的自卑感、劣等感，总感到不如他人。

（3）病前性格特点依赖性、被动性强，不开朗、胆小怕事，多思虑和易趋向厌世悲观。这种性格特征多视为该病的温床。

有资料报道，在家族中有神经症、自杀者多患该症。遗传在本病发生中可能起一定作用。

【临床表现】

主要围绕抑郁情绪而显现的种种表现。如心情抑郁、精神不振、情绪低落。躯体症状可表现为头痛、头晕、心烦等。男性多性欲下降，女性多有月经不调。

（1）躯体方面的主诉多且易变，给人的印象是过分关注。常有头痛、头昏、耳鸣、口干心悸、胸闷、腹胀、便秘、多汗等。实验室检查多无阳性发现。

（2）临床上最突出的症状为持久的情绪低落，对日常活动包括业余爱好和

娱乐兴趣显著减退，感到生活无意义，对前途悲观。常回忆不愉快的往事，或遇事往坏处想。自我评价下降，夸大自己的缺点。常唉声叹气，易伤感流泪或愁容满面。

认为病情严重，但不希望治好，又要求治疗。有轻生念头，但内心矛盾重重。

（3）自觉活力降低，懒散乏力。精神不振、脑力迟钝、反应缓慢，对工作学习缺乏信心。

（4）社交活动减少，不愿主动与别人交往，心境恶劣、烦躁、易激惹。

【心理测验与诊断】

（1）MMPI、EPQ量表测量可发现性格缺陷。

（2）纽卡斯尔抑郁诊断表：神经症性抑郁得分在5分以下。

（3）汉米尔顿抑郁量表：测得分数越高病情越重，神经症性抑郁所得分数可在20分以上。

（4）依据CCMD-2(中国精神疾病分类与诊断标准)诊断。

【心理治疗】

（1）认知心理疗法：改变患者对现实、对自己的不正确的认知，建立个人与社会的适当的、合理的关系，进而使负性情绪好转起来。如：理性情绪疗法、认识领悟疗法、患者中心疗法等。

（2）社交适应性训练：针对患者人际交往功能的缺陷及应对功能的不足，制定有关对策的程序，使患者通过模拟适应性训练，以增加人际交往的信心，减轻悲伤、抑郁的情绪。

（3）催眠治疗：首先就引起抑郁的心理因素进行分析、解释和疏导，增强信心、消除抑郁情绪。暗示语："催眠对你的病有特效，你能在催眠中回忆起抑郁的心理因素，我们帮助你彻底从困境中摆脱出来，你现在想想是什么原因影响你的情绪？"此时，受术者进行回忆，也可帮助启发他回忆，然后针对其心理问题进行分析、解释和疏导，以消除抑郁。其次对失眠多梦等症状进行暗示："今天主要帮助你改善失眠和多梦，催眠治疗后睡眠会很深沉。""现在

你非常舒适，头部及全身肌肉都已放松，头痛消失，再也不会出现心悸了，你体验一下吧！是的，已痊愈了。通过今天成功的催眠治疗，将使你身心愉快、精力充沛。"

当经过数次催眠治疗病情好转后，应教会患者自我催眠，以巩固疗效，增强抗病能力和达到自我保健的目的。

【药物辅助治疗】

目前认为百忧解、帕罗西门、左洛美等对于减轻病情、缓解抑郁心境有良好的疗效。治疗剂量为75～150mg/日。治疗时注意从低剂量开始用药，缓慢递增，并向患者讲清药物性质及可能的副作用。少数患者可考虑电休克治疗。

【心理护理】

（1）给患者以支持、鼓励、关心爱护，增强其战胜疾病的信心。

（2）预防患者轻生。应及时观察患者的异常言谈和行为表现，以了解患者的心理变化。如患者流露"不想活了"的念头，要加强安全监护，以防发生意外。

（3）患者如有少食或拒食，应多鼓励患者进餐。宜选择营养丰富、色香味美易消化的食物，以促进其食欲。

6．癔症

癔症或称歇斯底里是由心理刺激或不良暗示引起的一类神经心理障碍。多数突然发病，出现感觉、运动障碍和植物神经功能紊乱，或短暂的心理异常，如倒地抽搐，哭笑不止，捶胸顿足等。这些症状可因暗示发生、加重、减轻或消失。这些症状常不能查见相应的器质性病变。

癔症的发病率和症状表现随时代和环境的演变而改变。我国同其他国家该病的患病率（20世纪30～50年代常见的癔症性瘫痪或抽搐）已大为减少。1982年我国12地区精神疾病调查，本病患病率为3.55‰，农村高于城市，发病年龄多在16～30岁，女性多于男性。

【致病原因】

癔症常在特殊性格的基础上，由于急剧的或持久的心理紧张刺激的作用，

以及其他因素的参与而发生。心理因素包括暗示和自我暗示。

（1）癔症患者的性格特点。

A．高度的情感性和情感的易变性：表现为情感活跃、生动，但肤浅、幼稚。情感强烈带有夸张和戏剧性色彩，被称为"伟大的模仿家"。容易从一个极端转向另一个极端。对人对事的判断完全凭一时的情感出发，常随情感的变化而变化，最易感情用事。

B．高暗示性：患者很轻易地接受周围人的言语、行动、神态变化的影响。

C．高度显示性：表现为以自我为中心，好当众表演，过分夸耀自己的聪明、才华，希望得到大家的赞赏或注意。癔症患者好恶作剧，也无非为吸引别人的注意。

D．幻想丰富。患者特别富于幻想，幻想内容生动、鲜明。又由于高度情感性的影响，往往让人难以分辨幻想与现实的界限，给人以说谎或伪装的印象。

（2）心理紧张刺激。

急剧的紧张刺激，如地震、水灾、亲人突然死亡。持久的心理冲突带来的紧张，如强迫婚姻、遇到被人诬告和非难等有伤自尊心和有辱人格的事。工作不顺心、夫妻不和、邻里纠纷、同志不睦等均可成为致病的社会因素。

由于心理刺激引起的惊恐、气愤、委屈、悔恨、忧虑等情绪，尤其是愤怒和悲哀等情绪，不能表达时，成为导致癔症发生的重要心理因素。以后的发病，可因联想到初次发病的情景或经受相似的情感体验时而引起。

心理因素和性格特征的关系：如患者有显著的癔症性格特征，只需轻微的心理创伤就可以引起发病；如性格特征不明显，有强烈的心理创伤才会引起发病。当患者遭受心理创伤时，身体虚弱有病，长期劳累，妇女在经期或产后，或脑外伤等，均将助长本病的发生。

【临床表现】

癔症临床表现多种多样，可归纳为两大类：癔症躯体障碍和癔症心理障碍。

（1）癔症躯体障碍（转换型癔症）。

A. 麻木，多发生于肢体的麻木而没有解剖生理的基础。

B. 感觉过敏，即使轻触也会引起剧痛或异常不舒服。

C. 突然失明（但对周围光刺激尚能感知，所以患者走路时不致碰撞）或管状视野（正常人的视野是愈远愈大，愈近愈小，呈圆锥状。而有些癔症患者的视野远近都一样，形成管状视野）。

D. 突然发生的完全性听力丧失。

E. 失音或喉部梗阻感。

F. 肢体瘫痪、站立不能或步行不能。但无萎缩（除非长期不用而出现的废用性萎缩），也无病理反射和变性反应。

G. 痉挛发作：倒地、抽搐，常为手足乱舞而无规律；有呈四肢挺直、角弓反张状。或扯头发、揪衣服、发怪声、撞头等。

（2）癔症性心理障碍（分离性癔症）。

A. 情感爆发。患者突然哭笑不止，撞头、咬衣物、撕头发、捶胸顿足、满地打滚。常伴有情绪的急剧转变和戏剧性表现。发作时间的长短常受周围人的言语和神态的影响。

B. 心因性遗忘。表现为选择遗忘，遗忘与心理创伤有关的内容或某一阶段的经历。

C. 神游症。患者突然离开他原先的活动范围，外出漫游，可历时数日。

D. 意识范围缩小。出现朦胧、昏睡、强直性发作"神鬼附体"等。

E. 双重人格或多重人格。患者在不同时间内以两种或更多的身份出现，而每一身份有他的独特人格，并决定各自行为的性质和态度。

【心理治疗】

心理治疗可以采用以下方法：

（1）暗示疗法。常用言语暗示，应用肯定而有信心的言语指导和鼓励患者，治疗前应使患者对治疗有信心，治疗过程中避免周围人的负性影响。

（2）催眠疗法。癔症患者受暗示性强、可催眠性高、催眠治疗效果好。可

使用言语催眠和药物催眠。言语催眠需经专门训练。药物催眠可用2.5%硫喷妥钠作缓慢静脉注射，使患者进入催眠状态。此时结合言语暗示效果最好，如为癔症性遗忘，催眠下可诱导患者将遗忘的事一一回忆起来。在催眠状态下，通过揭示矛盾，暴露隐私，发泄欲望，并且加以解释和疏导，能获得较好的效果。癔症催眠治疗的步骤：第一，改善情绪，消除胸闷、气阻等躯体不适感。第二，了解发作诱因及真正的心理问题，进行解释和疏导。第三，针对症状采用催眠暗示治疗。第四，纠正患者不良性格倾向，巩固疗效。第五，帮助患者改善人际关系，提高社会适应能力，力争完全控制复发。

（3）开展集体与个别相结合的认知疗法。通过说服、教育、保证等方法，帮助患者提高认知水平，增强适应能力。另外注意做好亲属和周围人的工作，以消除或减少心理刺激。

除了心理治疗外，临床多采用镇静药物、针灸等方法以控制症状，对缓解病情十分有效。药物一般可用硝基安定10mg，每晚一次。极度躁动者可给予氟哌啶醇5mg肌注，一日二次。

【心理护理】

（1）帮助患者提高认知，正确对待疾病，建立良好的人际关系。

（2）患者较敏感，易受暗示，要采取有效措施，排除激惹因素，稳定患者情绪，以免复发。

（3）癔症发作时，注意保护患者，避免众人围观，滥施同情，乱发议论，以免加剧病情。

（4）病情缓解时，鼓励患者积极参加工作和娱乐活动，培养集体观念。

（5）对患者家属宣讲疾病知识，使其了解疾病特点，密切配合治疗与护理，从而端正对患者的态度，防止疾病复发。

7. 经前期紧张症

经前期紧张症(premenstrual syndrome)亦称经前期综合征，系指生育年龄的健康妇女于月经前1～2周所表现出的一系列情绪及躯体症状群。本病是成年女性的常见心身疾患。国内统计女性罹发率为50%左右，但病情严重或持久

者少见。鉴于本病发生后心理行为的剧烈变化及对工作、生活的影响，可因易怒、抑郁、强迫性行为而导致家庭悲剧甚至构成犯罪暴行等不良后果，已为社会心理学家和临床所瞩目。因在20岁左右女性发病率高，也应该引起青年工作者的重视。

【致病原因】

（1）本病的发生主要与女性激素分泌失调有关。由于大脑皮层兴奋减低，植物神经功能紊乱，垂体促卵泡生长素(FSH)分泌过多，致经前雌激素增高，使水盐代谢和糖代谢紊乱，引发一系列心身症状。某些药物，如前列腺素、泌乳素、醛固酮不当使用亦可致类似表现。

（2）少年儿童时期的不幸遭遇，家庭不睦、学习成绩提高困难，恋爱受挫等经历而产生的长期不良情绪体验及经前期出现负性或激惹心境的生活事件，导致焦虑、悲伤，并刺激雌性激素的异常分泌而发病。

（3）我国传统习俗对女性的歧视，封建礼教人为夸大经血的"肮脏"、"污秽"，造成了妇女对月经的偏见和惶恐。在传统道德观念影响下，性教育保守、落后。尤其缺乏对处于性成熟期的少女的性教育，使其缺乏对性生理变化的认识，对月经来潮产生恐惧、羞涩的心理，常难以启齿向成人请教。对社会中有关月经的偏见缺乏分辨力，加之耳闻目睹他人行经时的痛苦或麻烦，从而产生心理紧张，形成恶性循环。

（4）偏执型人格，如行为固执、情绪不稳、冲动暴躁、敏感多疑、心胸狭窄、不接受劝告、富于挑战和攻击行为等是经前期紧张症患者的个性特征。

【临床表现】

（1）经前期紧张症患者患病时情绪极不稳定，有人统计249名病人中，本病发生情绪改变者占84%，其中以易怒激动、心神不安、疲乏力竭、烦闷欲哭、思想不集中为多见。症状严重时完全类似精神病表现，甚至达到躁狂程度而被误诊。易产生攻击行为以至暴力犯罪、误杀或自杀。极少数人可异常迟钝、倦怠、耐力差，羞于见人等。重症患者易精神衰竭形成失眠症，丧失正常工作能力及正常家庭生活。

(2) 患者对月经来潮十分恐惧，对一次行经有经历一场大病之感。如对乳房胀痛十分苦恼，焦虑不安。受教育程度低者，常误认为自己有罪或前世有罪，应该受到肉体惩罚而拒绝治疗。

(3) 本病病程显现的心身症状有明显的周期性，均于每次月经前1～2周出现。以抑郁、焦虑、易怒多见，以来潮前3天最为严重。月经一现诸症即消。每次患病的症状大致恒定不变，月经过后方如释重负。下次经期临近，惧怕症状再次出现，患者又开始了下一轮心理的恶性循环。周而复始，症状越来越重。

【心理测验与诊断】

(1) EPQ、MMPI、16PF等测验了解患者特征，如多见HY(癔症)、HS(疑病)、PS(妄想)，N(神经质)等得分偏重，但属正常范围。

(2) SSRS、SLE、DSQ等测验可以帮助探讨诱因、心理防卫措施和社会支持影响。如经前女性生活事件增加可以诱发和加重本病病情。

(3) SDS、SAS测验可以了解患者的情绪状态，如焦虑、抑郁等。

经前期紧张症应以心理治疗为主，药物治疗为辅。

【心理治疗】

(1) 认知疗法：针对患者临床心理状态，介绍经前期紧张症的致病因素。告知妇女生理卫生科学知识，消除对"月经"的错误认识，形成对"月经"的良好的心理状态。

(2) 支持性心理治疗：与患者建立良好的关系，耐心倾听其叙说的痛苦，给患者以解释、鼓励、保证，消除心理应激源。

(3) 患者中心疗法：该症患者有周期性的情绪变化，可因一些琐事火冒三丈，造成人际关系紧张、社会适应不良。调动患者的主观能动性，根据患者的经验，帮助患者自己找出对付应激源的措施。如认识到自己有周期性情绪变化时，要在情绪低落期前，积极活动避开易发生冲突招致烦恼的情境，这即是转移控制法。或采用音乐疗法，根据自己的兴趣、爱好，听一些节奏舒缓、优美的轻音乐，使自己保持平和的情绪。

（4）超觉静默疗法：这是一种简便易行的技术，可采取坐姿或卧姿。练习者可以想到脑子越来越宁静，直至一种均匀全静止的状态。心理相当松弛，反复练习可解除紧张心理。

（5）催眠疗法：该疗法对经前期紧张症也很有效。该类患者一般对催眠反应快，加上医生恰当的指导语，疗效甚佳。

对经前期紧张症，临床上多采用激素治疗，也使用中药给予辨证施治。亦可针对症状给予必要的药物辅助治疗。兴奋躁狂可用氯丙嗪25～50mg/日，氟哌啶醇4～8g/日，焦虑可用安定5～10mg/日，抑郁用多虑平25～100mg/日，选1～2种分次口服。

【心理护理】

（1）保持良好的人际关系(师生、医患、亲子关系)。耐心正确地引导患者进行情感宣泄，减轻抑郁、焦虑情绪反应。

（2）向患者宣传经期生理卫生知识及心理社会因素对疾病的影响，解除精神紧张的诱因，端正对该疾病以及躯体症状的科学认识，尽量避免激惹等负性情绪。

（3）给予家庭和社会的支持。避免经前过重的体力和脑力劳动，对工作和生活中的冲突应少对抗、多关心；少指责，分散注意力，减少心理应激。

（4）耐心进行经期指导。治病初期可制订计划，使之建立信心，积极配合治疗，促进康复。

【预防】

青少年期应及时进行性生理和性心理卫生知识教育，学校应适时开设有关课程和讲座，使适龄女性对经期卫生有充分的了解。经前注意情绪调控，减少因情绪波动对性腺的分泌的影响。积极参加有益的社会活动、公益活动，以分散对月经的过度注意，保持乐观豁达的心境。呼吁社会正确认识女青年经期心理卫生问题，多予体贴关心，为她们保证心理平衡创造良好的家庭和社会环境。

（李百珍　郝志红）

呵 / 护 / 孩 / 子 / 的 / 心 / 灵

矫正子女的不良性格

◎ 性格与青少年心理健康

人格也称个性，指的是一个人在各种心理活动过程中经常地、稳定地表现出来的、具有独特倾向性的心理特征的总和。人格是复杂、多层次、多维度的，它包含了一个人的兴趣、气质、性格、能力等广泛的内容。由于遗传因素的差异，个人经历及所处环境、所受教育的不同，每个人都具有自己独特的人格特征。

人格与心理健康有着密切的联系。优良的人格是一个人心理健康的基础，也是心理健康的标志，而不良的人格往往会导致不愉快的情绪、不良的学习效果，甚至是出现心理问题、心理疾患的一个重要原因。心理咨询临床发现，许多心理疾患都以不良人格特征为基础。例如，强迫症患者多具有强迫性人格，而具有疑病特质的人往往易患疑病症。青少年期是一个人人格迅速发展并逐步定型的时期（一般到18岁），因此，塑造优良人格，预防和纠正不良人格的发生是心理健康教育的重要内容。

青少年性格教育的内容有两方面，一是不良性格的矫正，二是优良性格的塑造。本书着重介绍不良性格的矫正，优良性格的塑造在《家庭心理健康教育手册》的第二册。请阅读《家庭心理健康教育》一书中的有关内容。

◎ 青少年不良性格的矫正

青少年常见的不良性格主要有：偏激、狭隘、嫉妒、敌对、暴躁、依赖、孤僻、怯懦、自卑、神经质等。

一、矫正"偏激"——放平眼界放宽心

偏激是青少年常见的性格缺陷，表现在认识方面是看问题片面、绝对化，认为好的全好，坏的都坏；表现在情绪方面是按照个人好恶和一时心血来潮论事论人，缺乏理性和客观标准，易受他人的暗示或引诱；表现在行动上，则是莽撞行事，不顾后果。少女佳佳，特别固执己见，从来听不进别人的话，也不接受他人的意见、建议。遇到挫折的时候，便责备他人或者推诿责任，出现错误从来不检查自己。有时事实证明了她自己做错了事情，也不承认。有歪曲的体验，自认为学习成绩优秀，实际自己的学习成绩并不好。还将老师、同学的好心视为恶意，难与他人相处，与大部分同学、老师关系很不融洽。

青少年偏激人格的形成与其知识经验不足、辩证思维发展尚不成熟有关。这些人头脑里有许多非理性的观念，如，"世上没有好人，我要提防任何人"、"我不能与比我层次低的人交往，否则就降低自己的身份。在与他人交谈的时候，我必须是中心，否则就没有意义"等等。

需要家长指导青少年，使他们能够针对偏激性格进行自我矫正，教育青少年做到：

1. 培养自己的辩证思维能力，要学习运用理性情绪疗法与自己头脑中的非理性的观念做辩论。去除其中偏激的认识，形成新的辩证的、全面的认识。如，"世上好人和坏人都存在，还是好人多，我应该相信那些好人"、"若在

交往中自己是中心，我的能力可能比他人强，他人就不如我——可能是你认为层次低的。又想成为中心，又不与比自己层次低的人交往，这是不可能的。"这是美国心理学家艾利斯创立的一种积极、主动的自我矫治的方法，许多青少年用这种方法，矫正自己的某些偏执倾向或偏执认知，都取得了很好的效果。少年朋友，不妨试一试。

2. 要积极主动地与人交往，寻找友谊，结交朋友。在交往中，首先要相信人，相信大多数人是友好的，努力发现别人的优点。其次，要对人坦率、真诚，敞开心扉。这样才能赢得对方的信任，获得友谊。另外，还要主动地给予朋友切实的帮助。患难之中见真情，在对方有困难时，更应该鼎力相助。这样做既获得了友谊，又矫正了自己的偏激人格倾向，何乐而不为？

长相俊秀、穿着得体，学习也很优秀的中学生李园（化名），给人的印象是清高、孤傲，难以接近。刚上中学的时候，每当走到学生的整装镜前，李园便习惯地侧身仰头挺胸，摆个姿势，她从余光中，感受到了别人羡慕的目光，她十分得意。但是随着时光的流失，看着同学们三三两两地在一起有说有笑时，孤芳自赏的李园感到了寂寞孤独，她也想加入到同学的群体里。但是当她与别的同学在一起的时候，便有一种莫名的不舒服。

她把自己的感受告诉作为心理医生的笔者："小学、初中时我不想与同学交往，自己独来独往的，也不感觉难受；上高中以后想交往了，可是，我和同学在一起的时候，怎么特别难受呢？""您问我什么情况下难受？如果我不是谈话的中心，心里就不好受。"当问到她，一般愿意和什么样的同学在一起时，她表示自己绝不和"层次"低的来往，否则会认为"人以群分"，自己的"层次"也低了。

当笔者把她的这两个想法放在一起的时候，聪明的李园猛然发现了自己认识上的矛盾：在交往时，想成为谈话的中心，一般来说，自己的知识面要比对方广，语言表达能力强，对方的各方面必定要比自己稍逊一筹。而这样的对方，就是她认为所谓"层次"低的。可是她已经把所谓"层次"低的排除在交

往对象之外了。按照她的想法，她选择的交往对象都是"层次"高的，与她交往的同学必然与她的知识面、能力相差无几。可想而知，与这样的同学交往，自己就不可能永远成为谈话的中心了。所以按照她的理念，当然她与什么样的同学交往都"难受"：与"层次"低的交往，她看不起人家；与"层次"高的交往，自己又难以成为谈话的中心。

她发现了自己认识方面的非理性，并且与自己头脑中的这些非理性作了辩论，她豁然明白了：自己在人际交往中的不愉快的情绪，是由于自己头脑中的互相矛盾的非理性观念所致。在笔者的帮助下，她又认识到：与同学交往时，自己不可能永远是中心，也没必要非得成为中心。同学之间相互交谈、相互倾听，相得益彰，共同进步，而且在交往中还能得到愉悦的体验。如果总想着自己必须是中心人物，必然在交谈中夸夸其谈，不会倾听。长此以往，对方会感觉自己没有受到尊重，交流和沟通就不会继续下去了。

提高了认识的李园，在心理老师的鼓励下，积极主动地与人交往，寻找友谊，结交朋友。老师提醒她，在交往中，首先要相信人，相信大多数人是友好的，努力发现别人的优点。心理老师还提醒她，不要把同学分成"低层次"、"高层次"的，任何人都具有优点，也一定会有缺点。与同学交往多了，会发现他们每个人都有可取之处，"尺有所短，寸有所长"。

在主动与同学交往中，李园也发现了自己过去认为"低层次"的同学，其实他们待人特别热情、又乐于助人。后来，李园主动放下了架子，与同学敞开心扉，坦诚相见，赢得了许多同学的信赖，获得了理解。有的同学说："其实你并不像我们原来想象的那么傲气、难以接近。"她还给予同学们一些切实的帮助。有的同学学习比较困难，李园便主动地、耐心地给这些同学讲解习题；还把自己的课外书借给同学们阅读，使一些不爱读书的同学也有了阅读的习惯。李园得到了同学们的好评。

李园的偏激性格得到了矫正，同学关系融洽了，她自己也变得活泼、快乐了。

二、矫正"狭隘"——风物长宜放眼量

狭隘俗称"心眼窄",狭隘性格的表现有两种形式,一种是遇到一点委屈或碰到很小的得失便斤斤计较,耿耿于怀,这在少女中比较常见;另一种是在人际交往中,追求少数朋友间的"哥们义气",为朋友"两肋插刀",不讲原则、不分是非,这在男生中比较多见。

例如,有的青少年子女,只要朋友有要求,就无原则地满足对方。一些少年被告知,他们的朋友受欺负了,让他们帮忙教训对方一顿。这几位少年不分青红皂白就跟着去了。结果因为打群架,被派出所拘留、罚款。年少气盛,意志品质差,少年往往控制不住自己,真动起手来就没有了轻重,有时甚至出了人命,为此有的少年因触犯了法律而被判刑。这些青少年把大好的青春年华白白浪费在监狱里。

这虽然是少数,但并不是耸人听闻,前车之辙,后车之鉴,为了您子女健康、顺利地成长,家长朋友一定要避免、矫正子女为朋友"两肋插刀"、不讲原则的狭隘性格。

实际上,狭隘性格的产生,同家庭、社会中的不良因素影响有关,往往心眼窄的青少年他的家长也有这样的性格特点;另外与青少年的认识水平发展不足也有关。

家长帮助青少年自我矫正狭隘的性格要做到:

1. 应当教育子女自觉地加强自己的人生观、价值观,培养其集体主义精神。

2. 丰富子女正当、健康的业余文化生活,培养自己多方面兴趣爱好,陶冶情操;进行积极健康的人际交往。

爱讲"哥们义气"的小华从自己过去的"朋友"因为打群架,被拘留、罚款的事件中得到教训。认识到过去之所以讲求"哥们义气",是因为自己缺乏

远大理想和正确的人生观，结交朋友时没有原则，与打架斗殴的人为伍，因而险些触犯法律。在学校老师的教育下，他树立了为祖国、为人民作贡献的远大理想和人生目标，使他生活有了正确的方向。

在家长的帮助下，他远离了那些不求上进、爱打群架的所谓"朋友"，结交了一些积极上进、爱学习、守纪律的同学做朋友。在新朋友的感召下，他积极参加集体业余文化生活，并在课余时间又拿起小学时的兴趣爱好——画笔，为学校开展的少年才艺展览贡献了五六张画，还得了奖，为班级争得了荣誉。小华的精神面貌焕然一新，他积极向上，专心学习，成绩有了大幅度的提高。

老师和同学们都知道，小华的进步得益于自己矫正了讲求"哥们义气"的狭隘性格。

三、矫正"嫉妒"——你行我也行

嫉妒是在人际交往中，因为与他人比较，发现自己的才能、名誉、地位、境遇或相貌等方面不如别人而产生的羞愧、愤怒、怨恨等复杂的情绪、情感。这是一种不良的情绪、情感。

嫉妒有以下几个特点。

一是潜隐性。嫉妒潜隐在许多事件的许多人身上，表现为一个人表面上，甚至内心里不承认自己在某些事件上存在着嫉妒感，并且总是有意或无意地掩盖这种嫉妒。比如甲和乙都想进一个优秀的学校，甲进去了，乙没有进去，可能乙心里不悦，酸溜溜的，可表面上还说"祝贺你。"

二是对等性。对等性是指嫉妒总是产生在与自己性别、年龄、文化、地位、职务相类似而境遇发生变化的人群身上，或者说，嫉妒一般是在对等的圈子里有差异时产生的。布什当选总统我们不会嫉妒他。但是你班上一个和你条件差不多的同学被评为"三好生"，而你却落榜了，你便容易产生不愉快、怨

恨的嫉妒情绪。

三是行为性。嫉妒是一种情感体验，往往导致嫉妒行为，这种行为可能是自爱、自强、自奋的（积极型的嫉妒），但是更多的是具有程度不同的破坏性（消极型嫉妒）。

有些学者曾经提到西方式嫉妒和东方式嫉妒，笔者认为不如分为积极型、消极型更好一些。积极型的嫉妒往往采取发愤、竞争的办法赶上或超过对方；而消极型的嫉妒则采取诋毁、中伤、怨恨对方，自己则在沮丧、郁闷中停滞不前。消极型嫉妒是对他人处于优势的不悦的感情，是不正当的心理。但是这种卑下的心理一旦被自己察觉，自觉地端正态度，可以把其转变为积极嫉妒，做出积极的行动。如前面的事例，你班上一个和你条件差不多的同学获得了好的学习成绩，而你却落后了，你产生了不愉快、怨恨的嫉妒情绪。但你并不气馁："别人能做到的，我也能做到；一次考试成绩不能决定终生。这次成绩没考好没关系，经过努力，我不相信赶不上他！"这种认识变成自觉的行为——克服困难，积极努力学习，虚心向他人求教。

四是变异性。这是由于嫉妒的对等性派生出来的另一个特点。当被嫉妒的对象由强势转为劣势的时候，特别是落到比嫉妒者低得多的时候，可能转变为怜悯感、幸灾乐祸等情绪。

青少年产生嫉妒情绪的原因有多方面：有的是因为学习竞争受挫而产生的；有的是因为教师对他人表扬或班干部竞争失利而造成的；有的是因为友谊的丧失或转移造成的；有的是因为容貌、身材欠佳引起的……一般来说，争强好胜、虚荣心强的人容易产生嫉妒心理。

因为嫉妒有对象，会造成嫉妒对象的不悦和痛苦，所以嫉妒心理破坏人际关系的和谐。为此我们一定要预防、矫正嫉妒心理。嫉妒心理令人嫌弃，往往不少青少年不愿正视自己的嫉妒心理。家长可以指导子女认真审视一下他们自己，有没有过嫉妒的心理？如果有，要告诉子女首先就要敢于面对、正视，才能进一步自觉、认真地加以矫正。

家长教育子女自我矫正嫉妒心理要做到：

1．树立远大的理想和科学的世界观。因为嫉妒心理品质是受理想、信念、世界观制约的。

2．帮助子女通过意志力锻炼，提高他们面对挫折的承受力。当别人比自己强的时候，要想"你行，我也行。"要学习他人的优点和长处，使大家共同进步。这样既融洽了人际关系，又有利于自己的进步。

3．帮助子女在他们产生嫉妒心理时，转移注意力，把主要精力升华到学习、工作上，使嫉妒心理得到自我调控和暂时的摆脱。

四、矫正"敌对"——予人玫瑰，手留余香

敌对是一个人遭受到挫折引起强烈的不满情绪，进一步表现出来反抗的态度。有敌对倾向的青少年往往把教师、家长、同学的善意看成是恶意的。他们轻则置若罔闻，重则伺机报复。一般具有敌对情绪的人，他们往往同时也具有偏激性格。他们盲目地否认他人的一切认识，拒绝他人的关心、帮助。

小刘的父亲说男生小刘"脑后有反骨"（其实未必），有典型的逆反心理。他对别人说的任何话，都从相反的方面去想，对别人存有戒心，猜疑他人对自己不怀好意。正像他所说的："我这个人对任何人，包括班主任和同学，甚至自己的父母亲，都抱着怀疑态度。"正因如此，他看谁都不顺眼，谁的话都不爱听。看不惯就要顶牛、发脾气，经常顶撞父母、老师和同学。

敌对情绪对青少年的成长极为不利，这会使人产生气愤、怨恨的情绪，拒绝了许多可能获得的有益帮助，也会严重地影响自己与他人的关系。有敌对心理的青少年，可能他们的家长也有相应心理品质，成人的这些品质会对正在成长中的青少年产生耳濡目染的不良的影响。教师、家长教育的失当也是青少年产生敌对情绪的重要的原因。学生对老师是否公正是十分敏感的，如果老师做不到"一碗水端平"，会使一些少年产生敌对情绪。另外青少年心理发展不成

熟也可能是他们产生敌对情绪的原因之一。

家长朋友你们要帮助青少年朋友实事求是地审视自己是不是有敌对心理？也可征求同学、朋友对自己的看法，并做必要的心理测查。有敌对情绪的青少年，成天戴着"有色眼镜"生活，处处提防着他人，实际上自己也特别地寂寞孤独、内心痛苦。

帮助青少年矫正自己的敌对情绪，要做到：

1．敢于面对自己不良的敌对情绪。敢于面对自己不良的敌对情绪，并且认识到敌对情绪对自己成长负面影响的严重性。

2．向自己信得过的人敞开心扉。具有敌对情绪的青少年由于自己不主动与他人交往，不进行心灵的交流，故被孤立于他人之外。所以自我矫正敌对情绪，青少年还要向他人、首先向自己信得过的人敞开心扉，经常主动地与他人交往，互相沟通思想。慢慢你会发现周围大多数人是好人，是心地善良的，逐渐打消对他人的敌对情绪。

3．家长帮助子女进行自我提醒和警告。针对子女的敌对情绪，在与人交往前，家长帮助子女进行自我提醒和警告："我不要采用敌对心理待人处事。"这样会明显地减轻敌对心理和强烈的情绪反应。

4．教育子女用言语表达对他人的谢意。教育子女还要对那些帮助过自己的人说句感谢的话，这样你会发现，在尊重别人的基础上，你会赢得别人的尊重。

家长朋友，您的子女刚开始矫正敌对情绪时，会感觉不自然、不习惯，但是作为家长的您要坚信，鼓励孩子坚持做下去，一定会收到意想不到的好效果的。

笔者在青少年心理门诊中遇到这样一位少年中学生。

由于聪明、伶俐，又当大队长，张敏（化名）上小学时受到多位老师的赏识，他生活得很愉快。但是上初中一年级的时候，曾经受到过老师、同学的不公正的待遇。由于经历了巨大反差，他对别人产生了强烈的敌对心理。只要不

随自己的意愿，便认为老师、同学都在有意识地针对自己。有位青年教师不了解他敌对情绪产生的原因，竟然把他当成品德不良的学生，向张敏的家长说，班里的好多学生家长要求把他调出本班，这使他的敌对情绪更加严重。后来竟然发展到，当他认为曾经冒犯过自己的同学坐在他的周围时，他情绪焦躁地一点都听不进老师的讲课。家长都怀疑他能不能完成基础教育。

张敏是一个十分要强的学生，他特别强烈地渴望学习知识，将来有所作为；另外他有许多心理困惑需要解疑，便主动寻求心理医生的帮助。当他寻找到自己十分信任的心理医生时，便坦诚地向心理医生敞开心扉。在心理医生的帮助下，他认识到虽然个别老师、同学曾经伤害过自己，但并不是所有的老师、校领导都对自己有成见。这使他回忆起有位教导主任曾经在会上为他说过话：那样对待一个孩子，是不公平的。再说，曾经伤害过自己的同学，只是几个人，大多数同学对自己还是友好的。因为少数人对自己的伤害，便敌对所有的人，是以偏概全了。这使他冰冷的内心世界有所触动。

他又向新班主任老师说起自己的疑虑："怎么有那么多家长向学校要求轰我？"他一直对此耿耿于怀，他认为这准是许多同学经常在家里说自己的坏话。虽然自己的脾气不好，可也没和那么多的同学有过冲突啊！新班主任老师说："据我所知，只是一两个家长反映过。实际情况你也知道，学校也没有因为个别家长的意见那样处理啊。"这使他恍然大悟。改变了对大多数同学的认知，也就使他很大程度地改变了对同学的敌对情绪。他的情绪平稳多了，学习的注意力也增强了，成绩有了很大的提高。

他感悟到自己对他人的敌对情绪，不仅伤害了与同学的感情，也确实影响了个人的情绪，自己活得也特别不愉快。过去自己长期生活在痛苦之中，何苦来着！他决心注意矫正自己的敌对情绪与行为。在心理医生的帮助下，遇到自己不爱听的话，先警告自己：注意冷静，别发火。这样几次下来，竟然忍下来了。自己行动上的改变，他的朋友都看在眼里，鼓励他说："你今天的表现太棒了，我真没想到。"事后自己一想，其实刚才对方说的话，也没什么太了不

起的，我过去干吗为这点鸡毛蒜皮的事生气动肝火呢？

过了一段时间，他感觉似乎"失去了自我"，有些别扭，"这还是我吗？我这样刻意去做，是不是已经失去了自我？"心理医生告诉他，这是成长中的不适和苦恼，你失去的是与他人对着干的旧我，得到的是与他人和睦相处的新我。他豁然开朗，感觉自己确实在成长进步着。

具有敌对情绪的少年朋友！这位同龄人在心理医生的帮助下进行的自我矫正，促使自己心情愉快、健康成长的过程，对你有启发吗？

另外，希望家长和青少年朋友，不要把具有敌对情绪的同学当成品质恶劣的少年，他们是由于思想方法不正确而造成的情绪障碍。他们特别需要爱，需要归属，需要友谊。家长、老师和同学对他们要真心地关怀、体贴，这有利于缓解他们的敌对情绪。另外，在与具有敌对情绪的青少年交流的时候，要心平气和，晓之以理，动之以情，循循善诱，积极引导，使具有敌对情绪的青少年在平和的心态下正视自己的缺点和不足，化解和排除他们的敌对心理。

五、矫正"暴躁"—— 一心似水唯平好

暴躁是一种不良的个性品质，多见于性格外向兼有神经质倾向的青少年。其主要表现为沉不住气，易激惹，听到不顺耳的话就火冒三丈，与他人唇枪舌剑，甚至拳脚相加。

12岁男生张朋朋（化名），性情暴躁，爱发脾气、不能自控；易激惹，稍不遂意便大吵大叫、大打出手、乱扔东西。他的幼年受母亲的溺爱，父母的性情都很暴躁，常因一些小事而争吵。他们管教儿子的方法也简单粗暴，儿子一有错，父母便打骂他。后来由于感情出现了危机，父母分居了，他和父亲一起生活。失去了母亲的关爱，父亲又毫不关心他的生活、学习，他的学习成绩迅速下降。为此又常常受到老师的批评，他的脾气更加容易发怒。发怒时，老师的苦口婆心，逆耳忠言均会遭到他的攻击和谩骂。但过后又后悔不迭，向同

学、老师道歉。但时隔不久，老毛病又复发。

暴躁这种不良人格品质虽然同遗传因素有一定的关系，但主要是缺乏修养、缺少自我克制能力造成的。此外，家庭教育中的粗暴、放纵，溺爱，也是铸成暴躁性格的一个重要成因。

家长帮助青少年子女矫正暴躁性格，要做到：

1．家长要帮助子女认识到暴躁性格的危害及成因，并且认识到这种不良性格是可以通过教育和自我重塑得到矫正的，增强矫正暴躁不良个性品质的信心。

2．老师和家长要给予子女积极的帮助。

3．家长要教会子女进行自我调节。一方面培养他们的兴趣爱好，建议他们积极参加文艺、体育活动；另一方面帮助他们进行自我心理暗示，主动寻求同伴的监督。

家长与青少年朋友，当你们与具有暴躁性格的青少年交往的时候，对他们要有耐心、诚心。要注意对他们因势利导，减少易激惹的因素，多鼓励表扬他们的点滴进步，少指责批评。

下面向家长朋友介绍一例在心理老师的帮助下，青少年期的孩子自觉矫正自己暴躁性格的事例。

一心似水唯平好

张广（化名）同学脾气暴躁，动不动就火冒三丈，挥拳动脚。一天，又因为一件事与同学打起来。原来张广和同学们踢球，大家约定谁踢最后一脚就由谁捡球回教室。一名同学最后踢完了却没有捡回来，结果丢了球。他怒气冲冲地找这位同学理论，言语不和就动手打人，而且打得不轻。对这事同学们议论纷纷，有的说"该打"。大多数同学认为毕竟打人不对，张广脾气暴躁，爱动手已不是第一次了；再说在大操场上打架，其他班的许多同学围观，影响了班集体的荣誉。认为张广肯定得挨"批"，说不定还得受个处分。

事后，张广想当时没动脑子打了人，挨"批"就挨"批"吧，要是真给

个处分，那自己就太冤了，事后张广也特别后悔，本来有理的事，怎么就变成没理了？他的"前途未卜"。这事搞得他心神不定，上课听不进去，作业也没心思写，惶惶不可终日。少年朋友你和你的同学、朋友有过这样的经历吗？

一个星期过去了，张广实在憋不住了，找到了学校心理咨询室的老师，把自己的后悔、不解和委屈一股脑儿地向老师倾诉。

老师肯定了他的初衷是对集体有责任心。但是又提出了几个问题让他思考。一是对同伴的缺点错误的帮助是不是有了好的愿望就能解决问题？要不要讲究策略方法？你现在想一想当时怎么解决效果会更好？

张广特别感激老师没有把自己"一棍子打死"，还对自己良好的动机给予肯定。他认真地回答老师提的问题。他说："仅仅有了良好的动机是不够的，这回用'拳头'解决问题就不成功，所以需要讲究策略方法。至于应该怎么办呢……"他从班长平时的做法中得到了启发："应该心平气和地和别人交换意见。"老师满意地点头笑了。张广认识到，动手打人是错误的，他给老师写了保证书，保证今后不再动手打人，如果再犯，宁愿受罚。

老师又严肃地向他提出了第二个问题："你是个挺有正义感的孩子，也关心集体。为什么你那么爱动拳脚呢？"

张广说："我爸爸说，有毛病就欠揍，不打改不了。我一有错，就挨打，打得可狠了，我们家带木棍的扫把都打断了好几根。我恨死我爸爸了，他的话不管对错，我都不听。"原来如此！

老师认为"解铃还需系铃人"，建议张广认真地与父亲沟通一下，希望他改变教育的错误认知、改正错误的教育方法。张广表示为难，请求老师与他父亲沟通。

老师开诚布公地向张广的父亲指出，在家庭教育中，家长的"不打不成才"，"棍棒之下出孝子"的观念是错误的，实践证明也是无效果的。张广的暴躁性格与不良的家庭教育是有很大关系的，家长经常打孩子，他就会产生"犯错误就该打"的错误想法，而且受家长行为的潜移默化影响，孩子会模仿

家长，一有矛盾就动拳头。

听了老师的一番话，张广的父亲认识到他"打是爱"的观点伤害了孩子，这对张广的父亲震动很大。他向老师表示，为了矫正自己孩子不良的暴躁脾气，自己得以身作则，改正自己的坏脾气。张广的父亲表示，以后要以动之以情、晓之以理的教育代替"棍棒教育"。

有一天，张广高兴地告诉老师："我这次考试不理想，把成绩单给我爸看了，他拉着脸，喘了好半天粗气，我想'阴云密布'之后，肯定是'电闪雷鸣'。可他只说了："这次没考好，你还是努力了，看看自己什么地方还不够，再努力吧。"

张广还向老师请教一些克服暴躁脾气的具体方法：遇到恼火的事，要进行积极的心理暗示。

张广也主动地进行自我调节。他积极参加集体的文艺、体育活动，使自己的青春精力有正当的释放渠道，情绪变得平稳多了，不像过去那么暴躁了。在与同学有矛盾的时候，他在心中先暗示自己："千万别发火，别动拳头。动拳头就犯错误。"监督自己避免发脾气动手打人。另外请"哥们"在自己着急发火的时候，及时提醒自己。这对张广矫正暴躁脾气特别有益，制止了好几次即将发生的"战事"。

两三个星期"平安无事"，老师在走廊里碰上了张广，微笑地拍拍他的肩膀说："最近表现不错，继续！"老师的鼓励，让他兴奋了好几天。

在老师的帮助下，经过长期的自我矫正，张广暴躁的脾气平和下来了，并且学会了与同学们友好地相处。

六、矫正"依赖"——男儿立身须自强

依赖这种不良性格主要表现为对个人自理能力缺乏信心，难以独立，遇到事情常常企求他人的帮助，处事优柔寡断，希望父母或者师长为自己作抉择。

　　15岁的中专生小娜的父亲是乡镇企业家，家庭经济殷实，母亲对她百般地宠爱，除了学习，她什么家务活也不干，连洗手帕、内衣裤的活都由母亲越姐代庖。她对母亲特别地依赖，从小学到上中专前一直与母亲同睡一床被，一天都没有离开过。她的大小事情，比如，和什么人交往，考什么学校、专业……都由母亲和姐姐做主，自己从来不作抉择。她考上了市重点中专，这本来是一件令全家人高兴的事情。但是因为家离学校较远需要住校。周五才能回家，一周仅与母亲三天的分离她都承受不了，每天在学校里哭哭啼啼以泪洗面，一点学习的心思都没有。在姐姐的督促下，去看心理门诊。她不接受心理医生的建议——学着独立生活。终因对家庭，特别是母亲的依赖过强，又不愿意摆脱这种依赖而不得不辍学在家。

　　东东是个13岁的男孩，进入中学以后第一次在学校吃午饭的时候，他拿着鸡蛋十分诧异地问："这是什么？"老师说，是鸡蛋啊！他竟然说，他们家的鸡蛋是软的，不是这样的（带壳的）。这让老师哭笑不得，他竟然不知道鸡蛋是怎么剥出来的？这虽然是个别的事例，但也不是绝无仅有。原来独生子东东的父母参加援外建设，常年在国外工作，从小便由祖父母带大。祖父母对他宠爱有加，除了上课学习不能代替以外，几乎所有的生活都由祖父母包办。为他收拾床铺、收拾书桌、整理书包、修铅笔、洗衣服内衣内裤……以至于十几岁的东东虽然发育得很好，但他的生活仍然不能自理，十二三岁的少年从来没有剥过鸡蛋，竟然不知道鸡蛋是有壳的！

　　据天津市少工委对1500名小学生的调查，其中51.9%的学生长期由家长整理生活用品和学习用具；有74.4%的学生在生活和学习上离开父母就束手无策；只有13.4%的学生偶尔做些简单家务，这些情况令人担忧！如今的孩子大都是独生子女，父母、祖父母、外祖父母们大都把少年朋友视为掌上明珠。如果自己过分地依赖亲人，以至于生活自理能力很差，特别容易形成依赖人格。从个人的成长来看，依赖人格将会影响自己的成长和前途，从宏观上讲，则会影响年轻一代人的成长发育，乃至整个国家的命运。

依赖性格的形成缘于人类的早期成长。人的生理和心理还很孱弱的幼年时期，儿童需要依靠父母的养育才能生存。如果在幼年时受到家长的过分溺爱，孩子的事情都由成人包办代替，由父母、家长作出抉择，没有循序渐进地学习力所能及的生活自理能力，久而久之，就会产生对父母或权威的依赖心理，成年以后依然不能自主。他们缺乏自信心，总是依靠他人来作决定，终身不能负担起各项任务、工作的责任。

作为家长要想矫正子女依赖的性格，首先需要家长的理解、配合。有许多家长对培养青少年独立意识、独立生活能力在子女成长中所起的作用认识不足。认为学生的任务就是学习，只要搞好学习就万事大吉。做家务活会耽误学生的学习时间。家长朋友们需要注意，对子女的关心要适度，要放开手脚，子女自己的事情让他们自己动手，不要由成人越俎代庖。另外，家长需要为子女提供独立活动的机会，有意识地培养和锻炼他们的独立性，增强自信心和独立生活、自我抉择的能力。

家长在帮助子女矫正依赖性格时要做到：

1. 家长要鼓励子女自己的事情自己作决定、独立去行动。要求子女凡事多动脑筋多思考，自己的事情尽量自己作抉择，该干的事情不依赖他人，独立地去做。如果你的孩子能够每天记录自己独立做的事情（心理成长日记），每周作一个小结则最好。通过写成长日记，检查自己的独立能力有哪些方面进步，增加自己的信心；还有哪些方面不足需要改进，使孩子有进一步努力的目标和方向。

2. 培养子女坚强的意志品质。依赖型性格孩子的思维和行为已成为一种习惯和定式，在开始矫正时会有一定的困难。家长朋友一定要鼓励子女靠自己坚强的意志品质坚持独立思考作决定、独立行动。这样做的次数多了，慢慢地就会变成自己的行为习惯了，依赖的性格就会得到矫正。

3. 避免反复。家长朋友可以做"监督员"督促子女自己的事情自己做，不依赖他人。

4. 家长要建议有依赖性格的子女向独立性强的同伴学习。通过对同龄人的榜样的模仿和学习，帮助矫正子女的依赖性格。

在上中学的第一天的午饭上，东东不会剥鸡蛋，不认识鸡蛋的事，让老师和同学都知道了。从老师、同学惊奇、诧异的目光中，他受到了很大的震动："看来我不是一般的笨，我的生活能力是太差了。"他也认识到这是自己缺乏独立性、长期依赖家长的结果。他感到十分惭愧、无地自容。本来考上重点中学的喜悦，被一扫而光，整日闷闷不乐。

东东的情绪被细心的学校心理咨询员——张老师看在眼里，张老师主动地找到东东，他知道东东为自己的独立生活能力比其他同学差而心理失落，进而产生了"我谁也不如"的自卑心理。

张老师说："你发现了自己的过度依赖他人、缺乏独立性的心理特点。说明你有改变自己的意向，这很好。"东东说，其实自己原来也特别想干点活的，但是奶奶怕自己累着，又怕耽误时间，影响学习，就什么活都包办代替了。长此以往，习惯了奶奶伺候自己，眼里没活，偶尔干点活就笨手笨脚的了。张老师建议他与爷爷奶奶交换意见，说明自己已经长大了，要求他们放开手脚，给自己独立生活的空间，让自己独立地做一些事情。

回到家里，东东向奶奶提出"抗议"："您什么活都不让我干，让我在学校丢了脸，自己特别没有自尊。"他要求奶奶对自己不要婆婆妈妈地过度关注，另外在生活上也不要包办代替，自己的事情自己干。还定了契约，请爷爷监督奶奶和自己。虽然奶奶心痛，但是孙子有"令"，奶奶不敢违抗，况且还有爷爷的监督呢。

虽然有时因为没人叫，起床晚了，吃不上早饭就去上学；有时自己整理书桌、床铺、收拾书包手忙脚乱、丢三落四。有时又从心里希望有人帮忙……但是爷爷严厉的目光，使他想起了自己的契约，又不得不自己干下去。东东有时真想打"退堂鼓"，自己干活太麻烦了。

这时爷爷给东东找了个新朋友——王鹏。一天东东到王鹏家，看到王鹏

的房间里干干净净、井井有条，好爽啊！东东羡慕得很，"自己的房间要是这样该多好啊！"他诚恳地向王鹏请教。王鹏说，他父亲军人出身，很小就养成干净利落、有条不紊的习惯，而且也从小这样要求他。王鹏还告诉他自我监督的一个"秘诀"——从会写字时，他父亲就要求自己写"成长日记"。在父亲的监督下，每半个月提出新增加该干的活儿。随着年龄的增长，循序渐进地、由简单到复杂地增加——每次都加的不多，自己也从来没感觉有多大的困难。还要求他每天记下这一天干的事，检查自己的独立能力有哪些方面进步，增强自己的信心；还有哪些方面不足，需要改进，使自己有进一步努力的目标和方向。经过五六年的积累，现在自己可以很容易地独立做许多事情了。

爷爷和东东觉得王鹏的经验特别值得学习，在契约上又加上了要求东东记矫正依赖性格，培养独立性"成长日记"这一条。

按契约要求，东东每天记生活能力塑造日记："4月15日，今天没人叫自己起床，因为昨天忘了上闹钟，今天6点30分没起来。一觉醒来，啊！快7点了，我爬起来胡乱洗了脸，没吃饭就上学了。今晚我在睡觉前想着上闹钟了。""5月3日，今天自己收拾的书桌、床铺。手忙脚乱的……"

一年过去了，在一次班级大扫除劳动中，哪里有最重的、最难干的活儿，哪里就有身体健壮的东东的身影，与刚上中学时的他判若两人。

七、矫正"孤僻"——远离孤独多参与

孤僻多见于内向型性格的学生，主要表现为不合群，不愿意与他人接触，对周围的人常有厌烦、鄙视或戒备心理，易神经过敏，猜疑心重，内心感觉孤独、寂寞和空虚。

小吴的父亲少言寡语，母亲对他们兄弟都很严厉，对孩子说一不二。在母亲的威严下，小吴从小不合群，总是一个人独处。看到同伴们在一起有说

有笑，他也很羡慕，但自己就是插不上话，常常沉默无语，怕说错了话，人家笑话自己。小吴对他人的批评很敏感，很容易受到伤害。工作几年后单位倒闭，许多工友很快就找到了适合自己的工作，可小吴大事干不来，小事又不愿意干，长时间赋闲在家。

在传统的教育观念中，学校、家长对孩子的性格的成长重视不够。过去认为具有孤僻性格的儿童少年，他们不爱动、不淘气，在家听话，在学校不会给老师的工作带来麻烦，还被认定为守纪律的好学生呢。从青少年的未来发展来考虑，具有孤僻性格的人与他人交往的能力比较弱，社会适应能力比较差，在未来激烈竞争的社会中，往往处于劣势，如果任其发展而不加以矫正，终将会影响他们的事业成功，甚至有的难以谈婚论嫁，以至影响他们的终生幸福。

孤僻性格的形成除了有先天的气质类型的影响外，往往与幼年时所遇到的创伤经验有关，如父母离异、缺乏母爱，或家长、教师管教过于严厉、教育失误等。其内部原因是自卑心理，自我认识不足，不恰当地与他人比较，过低地估计自己，消极的自我暗示抑制了自信心所致。

家长在帮助矫正孤僻性格的子女时要做到：

1．要认识到具有孤僻人格的人对爱的需要、归属的需要特别强烈，只是有一些非理性的认识禁锢了自己的行动，比如："我说不好，他人会看不起我"、"我第一次交往失败，就会永远失败……"因此需要在家长或心理咨询师的帮助下，通过逻辑的思辨，改变不合理的认识。

2．家长要督促性格孤僻的子女走出去，学习与人交往，并且逐渐扩大人际交往范围，多参加集体和社会活动，从自我封闭的状态中解脱出来。

中学生华敏（化名）出生在一个家境虽然富足，但是父母经常吵架、无暇顾及孩子的家庭。在家里只有一只猫和一些玩具与她做伴。她已经习惯了独自和那只猫或小娃娃说话。在幼儿园、学校里，她也不合群，总是一个人

独处。有时她眼巴巴地看着同学们有说有笑，也会流露出一丝羡慕。但是当同学们一邀请她，她又特别地紧张，脸憋得通红，特别是与异性接触的时候表现得特别地不安、恐慌。

在中学心理辅导课上，她对心理老师讲的理性情绪疗法特别地感兴趣。她发现自己总是一个人独处，不愿意与他人来往，这来源于本人头脑中的一些观念：她认为自己不能在与同学们的交往中失败，否则一次交往失败，永远会失败。于是华敏在老师留的作业中，认真地通过理性分析和逻辑验证来驳斥这些观念。写完作业，她感觉特别的轻松。

虽然华敏的认识有所提高，但是她在人群中仍然很紧张。在心理辅导老师的帮助下，华敏逐渐放弃心理防御、自我封闭，学习与人交往。她先是与个别待人热情、宽容的同学交往，开始听他们说话，偶尔自己插一两句。这些同学都很尊重她，这对华敏的鼓舞很大，通过实践证明原来自己的观念"一次交往失败，永远会失败"的非理性。一段时间后，华敏感受到与同学交往比自己独处愉快多了。

她尝到了与个别同学交往的"甜头"，逐渐扩大了人际交往的范围。从不参加集体活动的华敏，在同学们的鼓动下，参加了班会、年级运动会，还和同学们一起去敬老院给老人们演出，虽然她只参加了合唱表演，但也为自己融入集体而兴奋不已。

通过实际行动，华敏越来越合群了，逐渐矫正了自己的孤僻性格。

八、矫正"怯懦"——一身正气胆包天

怯懦的性格缺陷是胆怯和懦弱。怯懦的青少年表现为胆小怕事，进取心差，意志薄弱，遇到事情好退缩，害怕别人讥笑或伤害自己，他们与别人的人际关系比较疏远。

怯懦产生的内部原因是性格内向、感情脆弱；家长的袒护娇惯，缺乏实

践锻炼和意志力的培养是怯懦产生的外部原因。

家长朋友，您的子女有没有怯懦的性格呢？帮助子女矫正怯懦性格缺陷要做到：

1．要着重培养子女勇敢、积极向上的性格，还要培养他们对家庭、对自己、对他人的责任心。

2．进行意志力的锻炼。要多主动承担一些比较困难的、需要一定的意志努力才能完成的工作。当遇到困难想退缩的时候，家长及时地鞭策子女要持之以恒、锲而不舍。

3．家长要给予性格怯懦的子女必要的信任、鼓励和适当的帮助，这也有助于子女怯懦性格的矫正。

九、矫正"自卑"——天生我才必有用

自卑是消极自我意识的表现，自我评价偏低。自卑是个体心理学家阿德勒的一个重要的概念，他指出自卑感在个人心理发展中有举足轻重的作用，认为人对"优越性"的渴望，起源于人的自卑感，而人的自卑感起源于人幼年的无能。埃里克森认为6～11岁是决定一个人的心理倾向是奋发向上还是自卑、自暴自弃的关键阶段。

具有自卑心理的青少年缺乏自信，对自己的能力估计得过低，以消极的心态与他人作横向的比较，他们看不到自己的长处或优势，处处感到不如他人，总是无所作为，悲观失望，甚至于对那些稍作努力就可以完成的任务，也往往会因为缺乏自信而轻易放弃。

自卑心理的形成比较复杂，既有生理、心理上的原因，如个人身心方面的缺陷，也有一些外界的影响，如，有的家长或教师经常用消极的语言训斥孩子"太笨"；在应试教育的指挥下，不少教师把注意力集中于学习成绩优秀的学生，或将学生的成绩进行排队张榜公布，严重挫伤学习成绩落后学生

的自尊心；社会舆论对学生个别差异品头论足、说长道短等，都可能诱发学生的自卑心理。

你的孩子对自己能力的评价是自信还是自卑？如果子女过于自卑，就要注意矫正了。因为有自卑心理的人常常觉得"我不行"，由于有这样一种消极的自我暗示，就会降低自信心，进而减弱工作、学习的动力，产生心理负担，增加紧张焦虑情绪，工作学习效果必然不佳。不佳的结果进一步强化自卑感，削弱了自信心，这样恶性循环的结果是进一步加重了自卑心理。

青少年子女预防和矫正自卑心理要做到：

1. 家长努力帮助子女培养自信心。要求子女以一分为二的观点，实事求是地认识自己的优势，不断自我鼓励："我能行！"以增强自信心。对子女通过扬长避短，或以勤补拙所获得的点滴成绩和进步，家长要及时地给予鼓励和表扬，使孩子体验到成功的喜悦，进而培养起自信心。

2. 对于客观环境（老师、同学）对子女自信心的挫伤，家长要设身处地地替子女着想，给予必要的理解和同情。也应该让子女认识到："人生不如意事，十之八九"，在不能如愿的情况下，要提高自己对挫折的承受力，利用升华和转移等心理防御机制促进心理平衡。

3. 进行必要的自信心训练。自信心训练亦称决断训练。它特别适用于那些在人际交往中缺乏自信、不敢拒绝别人、不能表达自己的愤怒或苦闷、同时也很难表达自己积极情感的人。

家长朋友，如果你的子女存在以上问题就应适当地进行决断训练。不过，最好带着孩子在有经验的心理医生或者心理咨询师的指导下进行，效果会更好。

案例

少女小娜从小失聪，虽然父母千方百计求医寻药，但是疗效都不理想，只好在耳郭里埋了助听器，才使她有了一些微弱的听力。小娜是个要强的女孩，靠这微弱的听力和观察老师的口形听课，居然考进了区重点中

学，和正常孩子坐在一起读书，靠她的刻苦努力，学习成绩还排在中上等。一两年下来，同学们都不知道她听力有障碍。

一个偶然的机会，有个别男生知道了她耳聋，非但不同情还拿她的生理缺陷取乐，给她取绰号："四只耳朵"，这使小娜的自尊心受到极大的伤害。她告诉了班主任老师，老师狠狠地批评了这几个男生，从此，这几个人在班主任面前，不敢再喊小娜的绰号了，可是在其他老师面前还是喊她"四只耳朵"。

这使小娜特别痛苦，觉得老天对自己太不公平。为什么上天给别人完好的听力，偏偏让自己耳聋？为什么还有人拿我的痛苦取乐？……她的情绪特别地低落，经常暗自流泪，无心学习。她把自己的痛苦告诉父母，开始时，父母还同情她。说了几次，父母就不耐烦了，说："你是某某的后代，应该特别地坚强，在任何情况下，都不能忘记自己高贵的血统，不能给自己的祖宗丢脸。"旧的心理问题没有解决，又给小娜增加了新的压力，她更加自卑，认为自己不配做某某的子孙。她只有整日沉浸在卡通书里，才能从中找到一点安慰，可这样会耽误许多宝贵的时间。那时离中考只有几个月了。她在焦躁不安、实在学习不进去的时候，走进了心理门诊。

心理医生给予小娜充分的同情，理解她的感受："你本来听力就比较弱，给学习生活带来许多不便，而个别男生还拿你的生理缺陷取乐，起绰号，这是不尊重你的人格尊严的行为。他们那样做是不对的。"这使她非常感动："在这以前，没一个人能理解我。"使她的抑郁情绪渐渐散去。

进一步矫正她的自卑心理，需要增强她的自信心。首先，帮助她学习以一分为二的观点，实事求是地认识自己的优势和长处。经过分析使她认识到：自己，一位耳聋的少女靠"微弱的听力和看老师的口形，居然能和正常孩子坐在一起，上的是区重点中学。学习成绩还排在中上等"，"你的这些成绩不是自己的成功体验吗？作为心理医生，在我的眼里你是最棒的！不

是吗？"她豁然开朗："自己的确是优秀的。"使她恢复了一些自信心。以后她还不断地自我鼓励："我能行！"以增强自信心。

其次，有了一些自信心的小娜要面对，并且正确地应对挫折。她的挫折一是生理缺陷——听力比较弱，学习困难比一般同学更大；二是不能参加自己喜欢的演出活动；三是还有同学的取乐、起绰号。有些通过自己的努力已经克服了，如，可以加上看口形听老师的课，而且学习成绩不错。面对同学的取乐、起绰号，已经告诉老师，老师也管了，但是效果不显著。这是不以人的意志所能左右的现实：你毕竟不能每时每刻都堵住这些同学的嘴巴啊！自己就要正确认识"人生不如意事，十之八九"，对个别同学的不恭行为，采取泰然处之的态度——不生气、不理睬，冷淡他们。这样做几次，这些同学会自觉没趣，也就罢了。最重要的是把挫折升华为自己前进的动力——更加努力、刻苦地学习，取得好成绩给那些取乐的同学看看！

第三，自信心训练（亦称决断训练），在练习中学会拒绝别人的取笑，学会适当地表达自己的愤怒或苦闷。而不要逃避在客观世界之外——沉浸在卡通书中。

在心理医生的帮助下，坚强的小娜恢复了自信，把精力集中在学习上面，经过几个月努力，被一所重点中学录取。

心理医生的做法，我们家长也应该学习着做。

十、矫正"神经质"——驾驭情绪我能行

具有神经质特点的青少年好紧张，易激动，多愁善感，敏感多疑，容易沮丧，并常伴有睡眠差等特点。这样的人对各种刺激容易产生强烈的反应，情绪激动后又很难平静下来。不稳定的情绪给神经质的青少年在人际关系的适应上带来很大的困难，并且容易引发多种心理疾患。

　　神经质的形成与个体的高级神经活动类型有关。另外，不良的教养态度，如家庭氛围缺少民主，家长专横武断，都容易引起青少年的神经质倾向。家长帮助子女矫正神经质，一方面要帮助子女锻炼意志品质，做自己情绪的主人，努力提高对自己情绪的控制能力，另一方面通过自我放松技术的训练，自我调节稳定情绪。

（李百珍）

呵/护/孩/子/的/心/灵

测试子女的心理

◎ SCL90症状自评量表

SCL90既可作为自评方法，也可以作为医生评定病人症状的一种方法。

评定方法

该量表采用5级评分制。1＝没有，2＝轻度，3＝中度，4＝偏重，5＝严重。凡是自评者认为"没有"的，就可给1分，"轻度"的给2分，以此类推。

分析统计指标

1. 总分

(1) 总分是90个项目的各单项所得分相加之和。

(2) 总症状指数(总均分)是将总分除以90，即总分/90，表示从总的来看，该受检者的自我感觉介于1～5分的哪一个范围内。

(3) 阳性项目数是指评为2～5分的项目数，阳性症状痛苦水平是指总分除以阳性项目数，即总分/阳性项目数。

(4) 阳性症状均分是指总分减去阴性项目(评为1分的项目)总分，再除以阳性项目数，即

阳性症状均分＝（总分－阴性项目）/阳性项目数

2．因子分

SCL90有9个因子，即将90个项目分为9大类，每一类反映出病人某一方面的情况，通过因子分可以了解症状分布的特点。

因子分＝组成某一因子的各项目总分

组成某一因子的项目数：

9个因子包含项目：

（1）躯体化：包括1，4，12，27，40，42，48，49，52，53，56，58共12项，该因子主要反映身体不适感。

（2）强迫症状：包括3，9，10，28，38，45，46，51，55，65共10项。

（3）人际关系敏感：包括6，21，34，36，37，41，61，69，73共9项。

（4）抑郁：包括5，14，15，20，22，26，29，30，31，32，54，71，79共13项。

（5）焦虑：包括2，17，23，33，39，57，72，78，80，86共10项。

（6）敌对：包括11，24，63，67，74，81共6项。

（7）恐怖：包括13，25，47，50，70，75，82共7项。

（8）偏执：包括8，18，43，68，76，83共6项。

（9）精神病性：包括7，16，35，62，77，84，85，87，88，90共10项。

（10）此外还有19，44，59，60，64，66，89共7个项目未归入任何因子，分析时将这7项作为第10个因子来处理，以便使各因子之和等于总分。

注意：以下表格中列出了有些人可能会有的问题，请仔细地阅读每一条，然后根据最近一星期内您的实际感觉，在以下5项中选择一项，画一个" ✓ "。

	没有	很轻	中度	偏重	严重
	1	2	3	4	5
1．头痛	□	□	□	□	□
2．神经过敏，心中不踏实	□	□	□	□	□

3. 头脑中有不必要的想法或字句盘旋 □□□□□

4. 头昏或昏倒 □□□□□

5. 对异性的兴趣减退 □□□□□

6. 对旁人求全责备 □□□□□

7. 感到别人能控制您的思想 □□□□□

8. 责怪别人制造麻烦 □□□□□

9. 忘性大 □□□□□

10. 担心自己的衣饰整齐及仪态的端正 □□□□□

11. 容易烦恼和激动 □□□□□

12. 胸痛 □□□□□

13. 害怕空旷的场所或街道 □□□□□

14. 感到自己精力下降，活动减慢 □□□□□

15. 想结束自己的生命 □□□□□

16. 听到旁人听不到的声音 □□□□□

17. 发抖 □□□□□

18. 感到大多数人都不可信任 □□□□□

19. 胃口不好 □□□□□

20. 容易哭泣 □□□□□

21. 同异性相处时感到害羞、不自在 □□□□□

22. 感到受骗、中了圈套或有人想抓住您 □□□□□

23. 无缘无故地突然感到害怕 □□□□□

24. 自己不能控制地大发脾气 □□□□□

25. 怕单独出门 □□□□□

26. 经常责怪自己 □□□□□

27. 腰痛 □□□□□

28. 感到难以完成任务 □□□□□

29. 感到孤独 □□□□□

30. 感到苦闷　　　　　　　　　　　□ □ □ □ □

31. 过分担忧　　　　　　　　　　　□ □ □ □ □

32. 对事物不感兴趣　　　　　　　　□ □ □ □ □

33. 感到害怕　　　　　　　　　　　□ □ □ □ □

34. 您的感情容易受到伤害　　　　　□ □ □ □ □

35. 认为旁人能知道您的私下想法　　□ □ □ □ □

36. 感到别人不理解您，不同情您　　□ □ □ □ □

37. 感到人们对您不友好，不喜欢您　□ □ □ □ □

38. 做事必须做得很慢，以保证做得正确　□ □ □ □ □

39. 心跳得很厉害　　　　　　　　　□ □ □ □ □

40. 恶心或胃部不舒服　　　　　　　□ □ □ □ □

41. 感到比不上他人　　　　　　　　□ □ □ □ □

42. 肌肉酸痛　　　　　　　　　　　□ □ □ □ □

43. 感到有人在监视您、谈论您　　　□ □ □ □ □

44. 难以入睡　　　　　　　　　　　□ □ □ □ □

45. 做事必须反复检查　　　　　　　□ □ □ □ □

46. 难以作出决定　　　　　　　　　□ □ □ □ □

47. 怕乘电车、公共汽车、地铁或火车　□ □ □ □ □

48. 呼吸有困难　　　　　　　　　　□ □ □ □ □

49. 感到一阵阵发冷或发热　　　　　□ □ □ □ □

50. 因为害怕而避开某些东西、场合或活动　□ □ □ □ □

51. 脑子变空了　　　　　　　　　　□ □ □ □ □

52. 身体发麻或刺痛　　　　　　　　□ □ □ □ □

53. 喉咙有梗塞感　　　　　　　　　□ □ □ □ □

54. 感到前途没有希望　　　　　　　□ □ □ □ □

55. 不能集中注意力　　　　　　　　□ □ □ □ □

56. 感到身体的某一部分软弱无力　　□ □ □ □ □

57. 感到紧张或容易紧张 ☐ ☐ ☐ ☐ ☐

58. 感到手或脚发重 ☐ ☐ ☐ ☐ ☐

59. 想到死亡的事 ☐ ☐ ☐ ☐ ☐

60. 吃得太多 ☐ ☐ ☐ ☐ ☐

61. 当别人看着您或谈论您时感到不自在 ☐ ☐ ☐ ☐ ☐

62. 有一些不属于您自己的想法 ☐ ☐ ☐ ☐ ☐

63. 有想打人或伤害他人的冲动 ☐ ☐ ☐ ☐ ☐

64. 醒得太早 ☐ ☐ ☐ ☐ ☐

65. 必须反复洗手、点数目或触摸某些东西 ☐ ☐ ☐ ☐ ☐

66. 睡得不稳不深 ☐ ☐ ☐ ☐ ☐

67. 有想摔坏或破坏东西的冲动 ☐ ☐ ☐ ☐ ☐

68. 有一些别人没有的想法或念头 ☐ ☐ ☐ ☐ ☐

69. 感到对别人神经过敏 ☐ ☐ ☐ ☐ ☐

70. 在商店或电影院等人多的地方感到不自在 ☐ ☐ ☐ ☐ ☐

71. 感到任何事情都很困难 ☐ ☐ ☐ ☐ ☐

72. 感到一阵阵恐惧或惊恐 ☐ ☐ ☐ ☐ ☐

73. 感到在公共场合吃东西很不舒服 ☐ ☐ ☐ ☐ ☐

74. 经常与人争论 ☐ ☐ ☐ ☐ ☐

75. 单独一人时神经很紧张 ☐ ☐ ☐ ☐ ☐

76. 认为别人对您的成绩没有作出恰当的评价 ☐ ☐ ☐ ☐ ☐

77. 即使和别人在一起也感到孤单 ☐ ☐ ☐ ☐ ☐

78. 感到坐立不安，心神不定 ☐ ☐ ☐ ☐ ☐

79. 感到自己没有什么价值 ☐ ☐ ☐ ☐ ☐

80. 感到熟悉的东西变成陌生或不像是真的 ☐ ☐ ☐ ☐ ☐

81. 大叫或摔东西 ☐ ☐ ☐ ☐ ☐

82. 害怕会在公共场合昏倒 ☐ ☐ ☐ ☐ ☐

83. 感到别人想占您的便宜　□□□□□
84. 为一些有关"性"的想法而很苦恼　□□□□□
85. 您认为应该因为自己的过错而受到惩罚　□□□□□
86. 感到要赶快把事情做完　□□□□□
87. 感到自己的身体有严重问题　□□□□□
88. 从未感到和其他人很亲近　□□□□□
89. 感到自己有罪　□□□□□
90. 感到自己的脑子有毛病　□□□□□

◎ 考试焦虑自我检查表

为了帮助你准确地把握自己在考试焦虑方面存在的问题，我们准备了这份考试焦虑自我检查表。请你仔细阅读每一道题目，看看它是否反映出你在应试时的经验。

如果是的话，就在该题目左边的横线上打"√"；如果不是的话，则无需做任何标记。一定要如实地作答。不要花太长时间思考。要尽可能回答你看完题目后的第一印象。

1. 我希望不用参加考试便能取得成功。
2. 在某一考试中取得的好分数，似乎不能增加我在其他考试中的自信心。
3. 人们（家里人、朋友等）都期待我在考试中取得成功。
4. 考试期间，有时我会产生许多对答题毫无帮助的莫名其妙的想法。
5. 重大考试前后，我不想吃东西。
6. 对喜欢向学生搞突然袭击考试的教师，我总感到害怕。
7. 在我看来，考试过程似乎不应搞得太正规，因为那样容易使人紧张。

8．一般来说，考试成绩好的人将来必定在社会上取得更好的地位。

9．重大考试之前或考试期间，我常常会想到其他人比自己强得多。

10．如果我考糟了，即使自己不会老是记挂着它，也会担心别人对自己的评价。

11．对考试结果的担忧，在考试前妨碍我准备，在考试中干扰我答题。

12．面临一场必须参加的重大考试，我会紧张得睡不好觉。

13．考试时，如果监考人来回走动注视着我，我便无法答卷。

14．如果考试被废除，我想我的功课实际上会学得更好。

15．当了解到考试结果的好坏将在一定程度上影响我的前途时，我会心烦意乱。

16．我知道，如果自己能集中精神，考试时我便能超过大多数人。

17．如果我考得不好，人们将对我的能力产生怀疑。

18．我似乎从来没有对应试进行过充分的准备。

19．考试前，我身体不能放松。

20．面对重大考试，我的大脑好像凝固了一样。

21．考场中的噪声（如日光灯的响声、送暖气或送冷气的声音、其他应试者发出的声音，等等）使我烦恼。

22．考试前，我有一种空虚、不安的感觉。

23．考试使我对能否达到自己的目标产生了怀疑。

24．考试实际上并不能反映出一个人对知识掌握得究竟如何。

25．如果考试得了低分数，我不愿把自己的确切分数告诉任何人。

26．考试前，我常常感到还需要再充实一些知识。

27．重大考试之前，我的胃不舒服。

28．有时，在参加一次重要考试的时候，一想起某些消极的东西，我似乎都要垮了。

29．在即将得知考试结果前，我会感到十分焦虑或不安。

30．但愿我能找到一个不需要考试便能被录用的工作。

31．假如在这次考试中我考得不好，我想这意味着自己并不像原来所想象的那样聪明。

32．如果我的考试分数低，我的父亲和母亲将会感到非常失望。

33．对考试的焦虑简直使我不想认真准备了，这种想法又使我更加焦虑。

34．应试时我常常发现自己的手指在哆嗦，或双腿在打颤。

35．考试过后，我常常感到本来自己应考得更好些。

36．考试时，我情绪紧张，妨碍了注意力的集中。

37．在某些考试题上我费劲越多，脑子也就越乱。

38．如果我考糟了，且不说别人会对我有看法，就是我自己也会失去信心。

39．应试时，我身体某些部位的肌肉很紧张。

40．考试之前，我感到缺乏信心，精神紧张。

41．如果我的考试分数低，我的朋友们会对我感到失望。

42．在考前，我所存在的问题之一是不能确知自己是否做好了准备。

43．当我必须参加一次确实很重要的考试时，我常常感到恐慌。

44．我希望主考人能够察觉，参加考试的某些人比另一些人更为紧张，我还希望主考人在评价考试结果的时候，能对此加以考虑。

45．我宁愿写篇论文，也不愿参加考试。

46．公布我的考分之前，我很想知道别人考得怎样。

47．如果我得低分数，我认识的某些人将会感到快活，这使我心烦意乱。

48．我想，如果我能单独进行考试，或者没有时限压力的话，那么，我的成绩便会好得多。

49．考试成绩直接关系到我的前途和命运。

50．考试期间，有时我非常紧张，以致忘记了自己本来知道的东西。

考试焦虑自我检查表的内容归类与所属题目序号

类　　别	测查内容	题 目 序 号
考试焦虑的来源（原因）	1.担心考糟了他人对自己的评价	3,10,17,25,32,41,46,47；
	2.担心对个人自我意象增加威胁	2，9，16，24，31，38，40；
	3.担心未来的前途	1，8，15，23，30，49；
	4.担心对应试准备不足	6，11，18，26，33，42；
考试焦虑的表现	1.身体反应	5，12，19，27，34，39，43；
	2.思维阻抑	4，13，20，21，28，35，36，37，48，50；
其　　他	一般性的考试焦虑	7，14，22，29，44，45

◎ 儿童学业不良调查表

　　本表是由日本心理学家编制的，也是供我国教育工作者和诊断人员参考的一种既简便可行又较全面的学习障碍诊断量表。该量表可由家长或教师根据孩子的日常行为表现填写。问卷是由两部分构成的：一部分是学业不良的身体原因，共5个项目，即A——虚弱症状，B——体质过敏，C——起立性调节障碍，D——轻微脑损伤，E——视力、听力障碍；另一部分是学业不良的心理

原因，共3个项目，即F——独立性，G——情绪障碍，H——学习习惯。

调查日期_____

儿童姓名_____ 年龄_____ 性别_____ 年级_____

下列各题每题都有a，b，c三个可选答案(a表示经常，b表示有时，c表示不是)，请家长或教师从答案中选择出最符合儿童实际情况的一种答案，并在上面画"✓"。

A

1. 喜欢在家中玩，不喜欢在外面玩   a   b   c

2. 虽有食欲，但吃一点就不想吃了   a   b   c

3. 喜欢靠在人身上或东西上   a   b   c

4. 有时间就马上躺下来休息   a   b   c

5. 不管让做什么，马上就不愿干了   a   b   c

6. 稍一运动就疲劳   a   b   c

7. 喜欢吃清淡的东西   a   b   c

8. 心情和身体容易受天气影响   a   b   c

9. 下午比上午有精神   a   b   c

10. 喜欢喝咖啡和红茶   a   b   c

得分：

B

11. 经常头痛   a   b   c

12. 经常腹痛   a   b   c

13. 季节变化就容易感冒   a   b   c

14. 早上和晚上容易鼻塞和打喷嚏   a   b   c

15. 一看书和电视，眼睛容易疲劳   a   b   c

16. 手、脚经常痛   a   b   c

17. 肩、背经常痛   a   b   c

18. 尿频   a   b   c

19. 早晚经常咳嗽   a   b   c

20. 夜尿(每周___次，记录)   a   b   c

得分：

C

21. 稍一运动就呼吸急促   a   b   c

22. 不能一口气走上或走下楼梯   a   b   c

23. 站立时间一长，脸色就难看   a   b   c

24. 不愿登到高处   a   b   c

25. 乘车头晕   a   b   c

26. 洗澡后感到精疲力竭   a   b   c

27. 经常长吁短叹   a   b   c

28. 平时面色不好   a   b   c

29. 吃了气味强的东西或不喜欢的东西引起恶心   a   b   c

30. 早晨起不来   a   b   c

得分：

D

31. 难以入睡，在被窝里老是动   a   b   c

32. 在交通工具中不能坐着不动   a   b   c

33. 吃饭、上课时经常说话   a   b   c

34. 对图画、美工等不喜欢，做不好   a   b   c

35. 必须保持安静时也不断活动身体   a   b   c

36. 做什么事都不能精神集中，注意力分散   a   b   c

37. 在人群中或上课时，做出引人注意的行为   a   b   c

38. 笔记本的字和数字写得很乱   a   b   c

39. 看书和杂志时，跳过去读或乱读   a   b   c

40. 半夜里爬起来或离开被窝   a   b   c

得分：

E

41．把书放在离眼很近的地方看　　　　　　　　a　　　b　　　c

42．在近处看电视　　　　　　　　　　　　　　a　　　b　　　c

43．看东西时喜欢歪着头看　　　　　　　　　　a　　　b　　　c

44．在户外，经常闭上一只眼睛或眯起眼睛　　　a　　　b　　　c

45．心算很快，笔算很慢　　　　　　　　　　　a　　　b　　　c

46．总是张开口喘气　　　　　　　　　　　　　a　　　b　　　c

47．看电视时，总要把声音开得很大　　　　　　a　　　b　　　c

48．对来自后面的声音反应迟钝　　　　　　　　a　　　b　　　c

49．和人说话时目光紧张，总要用眼睛来判断对方　a　　　b　　　c

50．听写单词时，写错之处极多　　　　　　　　a　　　b　　　c

得分：

F

51．不喜欢需要自治的事情　　　　　　　　　　a　　　b　　　c

52．唠唠叨叨自己说话　　　　　　　　　　　　a　　　b　　　c

53．只和合得来的人一起玩　　　　　　　　　　a　　　b　　　c

54．一有不如意的事就怪别人不好　　　　　　　a　　　b　　　c

55．喜欢和比自己年龄大或年龄小的人一起玩　　a　　　b　　　c

56．如果没有人在身边，一个人什么事也不会做　a　　　b　　　c

57．有不如意的事就哭　　　　　　　　　　　　a　　　b　　　c

58．不交往比自己好的朋友　　　　　　　　　　a　　　b　　　c

59．不高兴的事，就是必须做也不做　　　　　　a　　　b　　　c

60．依赖心很强　　　　　　　　　　　　　　　a　　　b　　　c

得分：

G

61．不听别人的话　　　　　　　　　　　　　　a　　　b　　　c

62．告诉应当做的事时，大多是心不在焉地去做　a　　　b　　　c

63. 对什么事都没有认真注意过   a   b   c

64. 对什么事都不能马上就开始做，总是慢腾腾的   a   b   c

65. 对人有明显的好恶   a   b   c

66. 被人提醒过以后，总是有抵触情绪   a   b   c

67. 对什么事都缺乏自信   a   b   c

68. 在人面前顽固地不说话   a   b   c

69. 不是说别人的坏话，就是找借口打架   a   b   c

70. 总是为别人的事放心不下   a   b   c

得分：

H

71. 学习时经常不知道该学什么好   a   b   c

72. 任何事都不想去记住   a   b   c

73. 作业马马虎虎，杂乱无章   a   b   c

74. 读书时比同学读得慢   a   b   c

75. 学习时间大多花在学习以外的事情上   a   b   c

76. 从不预习、复习功课   a   b   c

77. 做任何事都没有计划，没有准备   a   b   c

78. 生活没有规律   a   b   c

79. 读教科书不能一边读一边思考重要的地方   a   b   c

80. 学习时，总是只学自己喜欢的学科   a   b   c

得分：

【计分与评价方法】

以上各题的答案，凡选择a计2分，选择b计1分，选择c不计分(0分)。将每一项目上小题的得分相加，即得该项的总分。然后根据"儿童学业不良调查表诊断标准"确定儿童的学习是正常、基本正常还是异常。

儿童学业不良调查表诊断标准

类别 得分 项目	正常	基本正常	异常
A	3分以内	4~5分	6分以上
B	3分以内	4~5分	6分以上
C	3分以内	4~5分	6分以上
D	3分以内	4~5分	6分以上
E	2分以内	3~4分	5分以上
F	4分以内	4~6分	6分以上
G	4分以内	4~6分	6分以上
H	5分以内	5~7分	7分以上

◎ 阿肯巴克儿童行为量表(CBCL)

1．阿肯巴克儿童行为量表(Achenbanch's Child Behavior Cheeklist,简称CBCL)，用于测查4~16岁儿童少年的社会能力和行为问题。由家长根据孩子半年内的表现填写。

2．计分方法。第一部分的项目不计分。第二部分的项目除个别条目外，均需计分。其计分方法是只要存在相应的行为问题，即计1分，否则计0分，最

后计算各因子得分。

3．评价方法。主要包括：行为问题儿童的检出：按CBCL中国标准化版制定的筛查常模，凡有一个因子或一个以上因子总分超过第95百分位者，即被定为有行为问题的儿童。

行为问题的性质确诊：在某一因子上总分超过该因子常模水平者，可看做在该因子上有行为问题。

常模标准参见忻仁娥等：《Achenbanch's儿童行为量表中国标准化》，载《上海精神医学》，1992年新4卷第1期。

◎ CBCL儿童行为表

（家长填写，适用于4～16岁儿童）

译者说明：1．原表用的是大规格纸张，许多项目平列横排，为适应国内常用16开纸的情况，改为上下排列，内容未变。2．各项目后有横线者请用文字填写；有小方框者，请在相应的方框内打"√"。3．本表内容可分为三个部分，翻译时加了"第一部分……"等三个大标准。4．在个别项目内加了"译注"，以便使用。

第一部分　一般项目

儿童姓名：＿＿＿＿＿＿　　　性别：　男　　女

年龄：＿＿＿＿＿＿　　　　　出生日期：＿＿＿＿＿＿

年级：＿＿＿＿＿＿　　　　　种族：＿＿＿＿＿＿

父母职业（请填具体，例如，车工、鞋店售货员、主妇等）

父亲职业：＿＿＿＿＿＿　　　母亲职业：＿＿＿＿＿＿

填表者：　父，母，其他人：＿＿＿＿＿＿

填表日期：＿＿＿＿＿　年＿＿＿＿月＿＿＿＿日

第二部分　社会能力

Ⅰ (1)请列出你孩子最爱好的体育运动项目(例如，游泳、棒球等)：

无爱好　□

爱好：a.——

　　　b.——

　　　c.——

(2)与同龄儿童相比，他(她)在这些项目上花多少时间？

　　　不知道　　　较少　　　一般　　　较多
　　　□　　　　　□　　　　□　　　　□

(3)与同龄儿童相比，他(她)的运动水平如何？

　　　不知道　　　较低　　　一般　　　较高
　　　□　　　　　□　　　　□　　　　□

Ⅱ (1)请列出你孩子在体育运动以外的爱好(例如，集邮、看书等)：

无爱好　□

爱好：a.——

　　　b.——

　　　c.——

(2)与同龄儿童相比，他(她)花在这些爱好上的时间是多少？

　　　不知道　　　较低　　　一般　　　较高
　　　□　　　　　□　　　　□　　　　□

(3)与同龄儿童相比，他(她)的爱好水平如何？

　　　不知道　　　较低　　　一般　　　较高
　　　□　　　　　□　　　　□　　　　□

Ⅲ (1)请列出你孩子参加的组织、俱乐部、团体或小组的名称：

未参加　□

爱好：a.——

b.——

c.——

(2)与同龄的参加者相比，他(她)在这些组织中的活跃程度如何？

不知道	较少	一般	较多
☐	☐	☐	☐

Ⅳ (1)请列出你孩子有无干活或打零工的情况(例如，送报、帮人照顾小孩、帮人搞卫生等)：

没有 ☐

爱好：a.——

b.——

c.——

(2)与同龄儿童相比，他(她)工作质量如何？

不知道	较少	一般	较多
☐	☐	☐	☐

Ⅴ (1)你孩子有几个要好的朋友？

无	1个	2~3个	4个及以上
☐	☐	☐	☐

(2)你孩子与这些朋友每星期大概在一起几次？

不到一次	1~2次	3次及以上
☐	☐	☐

Ⅵ 与同龄儿童相比，你孩子在下列方面表现如何？

	较差	差不多	较好
a 与兄弟姐妹相处	☐	☐	☐
b 与其他儿童相处	☐	☐	☐
c 对父亲的行为	☐	☐	☐
d 自己工作和游戏	☐	☐	☐

Ⅶ（1）当前学习成绩（对6岁以上儿童而言）

	不及格	中等以下	中等	中等以上
a　阅读课	□	□	□	□
b　写作课	□	□	□	□
c　算术课	□	□	□	□
d　拼音课	□	□	□	□

其他课（如历史、地理、常识、外语等）

e.——	□	□	□	□
f.——	□	□	□	□
g.——	□	□	□	□

（2）你孩子是否在特殊班级？

不是　　　□

是　　　　□

什么性质？_____

（3）你孩子是否留级？

没有　　　□

留过　　　□

几年级留级？_____

留级理由：_____

（4）你孩子在学校里有无学习或其他问题（不包括上面三个问题）：

没有　　　□

有问题　　□

问题内容：_____

问题何时开始：_____

问题是否已解决？

未解决　　□

已解决　　□

何时解决：_____

第三部分　行为问题

Ⅷ 以下是描述你孩子的项目。只根据最近半年内的情况描述。每一项目后面都有三个数字(0，1，2)。如你孩子明显有或经常有此项表现，圈2；如无此项表现，圈0。

1. 行为幼稚，与其年龄不符	0	1	2
2. 过敏性症状(填具体表现)	0	1	2
3. 喜欢争论	0	1	2
4. 哮喘病	0	1	2
5. 举动像异性	0	1	2
6. 随地大便	0	1	2
7. 喜欢吹牛或自夸	0	1	2
8. 精神不能集中，注意力不能持久	0	1	2
9. 老是想某些事物不能摆脱，有强迫观念(说明内容)	0	1	2
10. 坐立不安，活动过多	0	1	2
11. 喜欢缠着大人或过分依赖	0	1	2
12. 常说感到寂寞	0	1	2
13. 糊里糊涂，如在云里雾里	0	1	2
14. 常常哭叫	0	1	2
15. 虐待动物	0	1	2
16. 虐待、欺侮别人或吝啬	0	1	2
17. 好做白日梦或呆想	0	1	2
18. 故意伤害自己或企图自杀	0	1	2
19. 需要别人经常注意自己	0	1	2
20. 破坏自己的东西	0	1	2
21. 破坏家里或其他儿童的东西	0	1	2
22. 在家不听话	0	1	2

23. 在校不听话	0	1	2
24. 不肯好好吃饭	0	1	2
25. 不与其他儿童相处	0	1	2
26. 有不良行为后不感到内疚	0	1	2
27. 易嫉妒	0	1	2
28. 吃喝不能作为食物的东西(说明内容)	0	1	2
29. 除怕上学外，还害怕某些动物、处境或地方(说明内容)	0	1	2
30. 怕上学	0	1	2
31. 怕自己有坏念头或做坏事	0	1	2
32. 觉得自己必须十全十美	0	1	2
33. 觉得或抱怨没有人喜欢自己	0	1	2
34. 觉得别人存心捉弄自己	0	1	2
35. 觉得自己无用或有自卑感	0	1	2
36. 身体经常弄伤，容易出事故	0	1	2
37. 经常打架	0	1	2
38. 被人戏弄	0	1	2
39. 爱和出麻烦的儿童在一起	0	1	2
40. 听到某些实际上没有的声音(说明内容)	0	1	2
41. 冲动或行为粗鲁	0	1	2
42. 喜欢孤独	0	1	2
43. 撒谎或欺骗	0	1	2
44. 神经过敏，容易激动或紧张	0	1	2
45. 动作紧张或带有抽动性(说明内容)	0	1	2
46. 做噩梦	0	1	2
47. 不被其他儿童喜欢	0	1	2
48. 便秘	0	1	2

49. 过度恐惧或担心	0	1	2
50. 感到头昏	0	1	2
51. 过分内疚	0	1	2
52. 吃得过多	0	1	2
53. 过分疲劳	0	1	2
54. 身体过重	0	1	2
55. 找不出原因的身体症状	0	1	2
a.疼痛	0	1	2
b.头痛	0	1	2
c.恶心想吐	0	1	2
d.眼睛有问题(说明内容)	0	1	2
e.皮疹或其他皮肤病	0	1	2
f.腹部疼痛或绞痛	0	1	2
g.呕吐	0	1	2
h.其他(内容)	0	1	2
56. 对别人身体进行攻击	0	1	2
57. 挖鼻孔、皮肤或身体其他部分(说明内容)	0	1	2
58. 公开玩弄自己的生殖器	0	1	2
59. 过多地玩弄自己的生殖器	0	1	2
60. 功课差	0	1	2
61. 动作不灵活	0	1	2
62. 喜欢和年龄较大的儿童在一起	0	1	2
63. 喜欢和年龄较小的儿童在一起	0	1	2
64. 不肯说话	0	1	2
65. 不断重复某些动作，有强迫行为(说明内容)	0	1	2
66. 离家出走	0	1	2

67．经常尖叫　　　　　　　　　　　　0　　1　　2

68．守口如瓶，有事不说出来　　　　　0　　1　　2

69．看到某些实际上没有的东西(说明内容)　0　　1　　2

70．感到不自然或容易发窘　　　　　　0　　1　　2

71．玩火　　　　　　　　　　　　　　0　　1　　2

72．性方面的问题(说明内容)　　　　　0　　1　　2

73．夸耀自己或胡闹　　　　　　　　　0　　1　　2

74．害羞或胆小　　　　　　　　　　　0　　1　　2

75．比大多数孩子睡得少　　　　　　　0　　1　　2

76．比大数孩子睡得多(说明多多少——不
　　包括赖床)　　　　　　　　　　　0　　1　　2

77．玩弄粪便　　　　　　　　　　　　0　　1　　2

78．言语问题(说明内容。译注：口齿不清)　0　　1　　2

79．茫然凝视　　　　　　　　　　　　0　　1　　2

80．在家偷东西　　　　　　　　　　　0　　1　　2

81．在外偷东西　　　　　　　　　　　0　　1　　2

82．收藏不需要的东西(说明内容——不包括
　　集邮等爱好)　　　　　　　　　　0　　1　　2

83．怪异行为(说明内容)　　　　　　　0　　1　　2

84．怪异想法(说明内容——不包括其他条已提及者)　0　　1　　2

85．固执、绷着脸或容易激怒　　　　　0　　1　　2

86．情绪突然变化　　　　　　　　　　0　　1　　2

87．常常生气　　　　　　　　　　　　0　　1　　2

88．多疑　　　　　　　　　　　　　　0　　1　　2

89．咒骂或讲粗话　　　　　　　　　　0　　1　　2

90．声言要自杀　　　　　　　　　　　0　　1　　2

91. 说梦话或有梦游(说明内容)　　　0　　1　　2
92. 话太多　　　0　　1　　2
93. 常戏弄他人　　　0　　1　　2
94. 乱发脾气或脾气暴躁　　　0　　1　　2
95. 对性的问题想得太多　　　0　　1　　2
96. 威胁他人　　　0　　1　　2
97. 吮吸大拇指　　　0　　1　　2
98. 过分要求整齐清洁　　　0　　1　　2
99. 睡眠不好(说明内容)　　　0　　1　　2
100. 逃学　　　0　　1　　2
101. 不够活跃，动作迟钝或精力不足　　　0　　1　　2
102. 闷闷不乐，悲伤或抑郁　　　0　　1　　2
103. 说话声音特别大　　　0　　1　　2
104. 喝酒或使用成瘾药(说明内容)　　　0　　1　　2
105. 损坏公物　　　0　　1　　2
106. 白天遗尿　　　0　　1　　2
107. 夜间遗尿　　　0　　1　　2
108. 爱哭诉　　　0　　1　　2
109. 希望成为异性　　　0　　1　　2
110. 孤独、不合群　　　0　　1　　2
111. 忧虑重重　　　0　　1　　2
112. 请写出你孩子存在的但上面未提及的其他问题　　0　　1　　2

注：①请检查一下是否每条都已填好；②请在你最关心的条目下画线。

◎情绪稳定性自我测验量表

　　情绪是身心健康的重要标志，一个人的情绪是否稳定就反映了他的身心健康状况。那么怎样测量你的情绪是否稳定呢?请做一做下面这个测验。

　　该测验共有30道题，每道题都有三种答案可供选择，请你从中选择出与自己的实际情况最接近的一种答案，对测验题中与自己生活、身份不相符的情况，可以不予选择。

　　1．看到自己最近一次拍摄的照片，你有何想法?

　　　　a　觉得不称心　　　　　b　觉得很好　　　　　c　觉得可以

　　2．你是否想到若干年后会有什么使自己极为不安的事?

　　　　a　经常想到　　　　　　b　从来没有想过　　　c　偶尔想到过

　　3．你是否被朋友、同事、同学起过绰号、挖苦过?

　　　　a　这是常有的事　　　　b　从来没有　　　　　c　偶尔有过

　　4．你上床以后是否经常再起来一次，看看门窗是否关好?

　　　　a　经常如此　　　　　　b　从不如此　　　　　c　偶尔如此

　　5．你对与你关系最密切的人是否满意?

　　　　a　不满意　　　　　　　b　非常满意　　　　　c　基本满意

　　6．在半夜的时候，你是否经常觉得有什么值得害怕的事?

　　　　a　经常有　　　　　　　b　从来没有　　　　　c　偶尔有

　　7．你是否经常因梦见可怕的事而惊醒?

　　　　a　经常　　　　　　　　b　从来没有　　　　　c　极少有

　　8．你是否曾经有过多次做同一个梦的情况?

　　　　a　是　　　　　　　　　b　否　　　　　　　　c　记不清

9. 是否有一种食物使你吃后呕吐？

    a 是   b 否   c 记不清

10. 除去看见的世界外，你心里是否有另外一种世界？

    a 是   b 否   c 记不清

11. 你心里是否时常觉得你不是现在的父母所生？

    a 是   b 否   c 偶尔是

12. 你是否曾经觉得有一个人爱你或尊重你？

    a 说不清   b 否   c 是

13. 你是否常常觉得你的家庭对你不好，但你又确知他们的确对你好？

    a 是   b 否   c 偶尔是

14. 你是否觉得没有人十分了解你？

    a 是   b 否   c 说不清

15. 在早晨起来的时候，你最经常的感觉是什么？

    a 忧郁   b 快乐   c 讲不清楚

16. 每到秋天，你经常的感觉是什么？

    a 秋雨霏霏或枯叶遍地 b 秋高气爽或艳阳天 c 不清楚

17. 在高处的时候，你是否觉得站不稳？

    a 是   b 否   c 偶尔是

18. 你平时是否觉得自己很强健？

    a 是   b 否   c 不清楚

19. 你是否一回家就立刻把房门关上？

    a 是   b 否   c 不清楚

20. 当你坐在房间里把门关上时，是否觉得心里不安？

    a 是   b 否   c 偶尔

21. 当需要你对一件事作出决定时，你是否觉得很难？

    a 是   b 否   c 偶尔是

22. 你是否常常用抛硬币、玩纸牌、抽签之类的游戏来测凶吉？

    a 是   b 否   c 偶尔是

23. 是否常常因为碰到东西而跌倒？

    a 是   b 否   c 偶尔是

24. 你是否需用一个多小时才能入睡，或醒得比你希望的早一个小时？

    a 经常这样   b 从不这样   c 偶尔这样

25. 你是否曾看到、听到或感觉到别人觉察不到的东西？

    a 经常这样   b 从不这样   c 偶尔这样

26. 是否觉得自己有超越常人的能力？

    a 是   b 否   c 不清楚

27. 你是否曾经觉得因有人跟你走而心里不安？

    a 是   b 否   c 不清楚

28. 你是否觉得有人在注意你的言行？

    a 是   b 否   c 不清楚

29. 当你一个人走夜路时，是否觉得前面潜藏着危险？

    a 是   b 否   c 偶尔

30. 你对别人自杀有什么想法？

    a 可以理解   b 不可思议   c 不清楚

【计分与评价方法】

以上各题的答案，凡选a得2分，选b得0分，选c得1分。请将你的得分统计一下，算出总分。根据你的总分查下面评价表，便可知你的情绪稳定水平。

评价表

总分	情绪稳定水平
0～20分	情绪稳定、自信心强
21～40分	情绪基本稳定，但较为深沉、冷静
41分以上	情绪极不稳定，日常烦恼太多

◎抑郁自评量表(SDS)

抑郁自评量表是由W.K.Zwng于1965年编制的,用于衡量抑郁状态的轻重程度及其在治疗中的变化,适用对象为具有抑郁症状的成年人。

本表由20个条目组成。每一个条目相当于一个有关症状,按1～4级评分。20个条目反映抑郁状态四组特异性症状:1.精神性—情感症状,包括抑郁心境和哭泣两个条目;2.躯体性障碍,包括情绪的日间差异、睡眠障碍、食欲减退、性欲减退、体重减轻、便秘、心动过速、易疲劳,共8个条目;3.精神运动性障碍,包括精神运动性迟滞和激越两个条目;4.抑郁的心理障碍,包括思维混乱、无望感、易激惹、犹豫不决、自我贬值、空虚感、反复思考自杀和不满足共8个条目。

【评定方法】

抑郁自评量表采用4级评分,主要评定症状出现的频度,其4级记分标准为:没有或很少时间(为1分);小部分时间(为2分);相当多时间(为3分);绝大部分或全部时间(为4分)。

评定开始时,一定要让自评者把整个量表的填写方法及每个条目的含义弄明白后,才开始独立地自我评定。评定的时间范围,应强调是"现在"或"最近一星期"。不要漏评某一项目或重复评定。

【分析统计指标】

SDS的分析方法比较简单,主要的统计指标为总分,其计算方法是20个项目中各项分数相加的总和×1.25,取整数部分。分数越高,症状越严重。

SDS的评定也可以通过抑郁严重度指数来反映。抑郁严重度指数 = 各项目的累加分/80(最高总分)。指数范围为0.25～1.0,指数越高,抑郁程度越重。

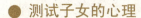

SDS为一种短程自评量表，操作方便，容易掌握，能有效地反映抑郁状态的有关症状及其严重程度和变化。评分标准不受年龄、性别、经济状况等因素的影响。在国内外已广泛应用。

量表只有19道题，每道题后边有4个数码，分别表示时间的多少。从左至右分别是：没有或很少时间；小部分时间；相当多时间；绝大部分或全部时间。现在请你认真地阅读每一道题，待把题意弄懂后，根据你最近一周的实际表现，在选择题后4个数码中符合你自己情况的那个数码上打钩(✓)。

1. 我觉得闷闷不乐，情绪低沉　　　　　　　　①②③④

2. 我觉得一天中早晨最好　　　　　　　　　④③②①

3. 我一阵阵哭出来或觉得想哭　　　　　　　①②③④

4. 我晚上睡眠不好　　　　　　　　　　　　①②③④

5. 我吃得跟平常一样多　　　　　　　　　　④③②①

6. 我与异性接触时和以往一样感到愉快　　　④③②①

7. 我觉得我的体重在下降　　　　　　　　　①②③④

8. 我有便秘的痛苦　　　　　　　　　　　　①②③④

9. 我心跳比平时快　　　　　　　　　　　　①②③④

10. 我无缘无故地感到疲乏　　　　　　　　　①②③④

11. 我的头脑跟平常一样清楚　　　　　　　　④③②①

12. 我觉得经常做的事情并没有困难　　　　　④③②①

13. 我觉得不安而平静不下来　　　　　　　　①②③④

14. 我对将来抱有希望　　　　　　　　　　　④③②①

15. 我比平常容易生气、激动　　　　　　　　①②③④

16. 我觉得作出决定很容易　　　　　　　　　④③②①

17. 我觉得自己是个有用的人，有人需要我　　④③②①

18. 我的生活过得很有意思　　　　　　　　　④③②①

19. 我认为如果我死了别人会生活得好些　　　①②③④

主要参考文献

1. 李百珍著. 青少年心理卫生与心理咨询（修订版）. 北京：北京师范大学出版社，2005.

2. 谢弗[英]著. 王莉译. 儿童心理学. 北京：电子工业出版社，2005.

3. 李百珍著. 青少年心理健康教育与心理咨询. 北京：科学普及出版社，2003.

4. 朱智贤著. 儿童心理学. 北京：人民教育出版社，2003.

5. 梁宝勇主编. 心理卫生与心理咨询百科全书. 天津：天津南开大学出版社，2002.

6. 李百珍著. 中小学生心理健康教育. 北京：科学普及出版社，2002.

7. 刘金花著. 儿童发展心理学. 上海：华东师范大学出版社，2001.

8. 申剑著. 当代家庭关系. 北京：当代中国出版社，2000.

9. 科尔伯格[美]著. 郭本禹等译. 道德发展心理学. 上海：华东师范大学出版社，2000.

10. 陶勑恒著. 共赴未来. 南京：江苏人民出版社，1998.

11. 林崇德著. 发展心理学. 北京：人民教育出版社，1995.

12. 中华医学会精神科分会. 中国精神障碍分类与诊断标准（第三版）. 济南：山东科学技术出版社，2001.